U0682553

幸福才是最重要的事情

［加］露西·曼德维尔◎著
孔秀云◎译

Le bonheur extraordinaire des gens ordinaires

江苏人民出版社 凤凰含章

图书在版编目（CIP）数据

幸福才是最重要的事情 /（加）曼德维尔著；孔秀云译 . -- 南京：江苏人民出版社，2015.5

ISBN 978-7-214-14912-1

Ⅰ . ①幸… Ⅱ. ①曼…②孔… Ⅲ. ①幸福 – 通俗读物 Ⅳ. ① B82-49

中国版本图书馆 CIP 数据核字（2014）第 301794 号

Published originally under the title：*Le Bonheur extraordinaire des gens ordinaires*

江苏省版权局著作权合同登记号 图字：10-2014-532

书　　名	**幸福才是最重要的事情**
著　　者	[加]露西·曼德维尔
译　　者	孔秀云
责任编辑	刘　焱
装帧设计	新艺·书文化 QQ:1427221916 ｜ 蔡小波
出版发行	凤凰出版传媒股份有限公司 江苏人民出版社
出版社地址	南京市湖南路 1 号 A 楼，邮编：210009
出版社网址	http://www.jspph.com http://jspph.taobao.com
经　　销	凤凰出版传媒股份有限公司
印　　刷	北京鑫海达印刷有限公司
开　　本	718mm × 1000 mm　1/16
印　　张	18
字　　数	216 千字
版　　次	2015 年 5 月第 1 版　2015 年 5 月第 1 次印刷
标准书号	ISBN 978-7-214-14912-1
定　　价	39.80 元

（江苏人民出版社图书凡印装错误可向承印厂调换）

献给我的父亲，他向我证明了追求幸福永远不会太迟。

献给我的母亲，是她造就了我的一切。

第 5 章　正面情绪

第 6 章　幸福的生理学原理

第 7 章　幸福是天生的还是后天培养的？

第 8 章　复原力强的那些人

第 9 章　幸福可有性别之分？

前言　一个男人的故事

他，一个在医院卧床不起的男人。近五年来，他的身体状况越来越差，终于虚弱到了无法行走的地步，甚至每一次的呼吸都会让他觉得痛苦。他也无法再进食：一根管子直接插到了他的胃里，负责他每天生理所需的食物；还有一根管子则接到了大肠上，负责他的日常排泄。他的生命靠一大堆壮观却不见得多有效的药物维持着。

有一天，医生来到他的房间，用略带艰涩的语气告诉他，不会有奇迹发生了，他的生命已经走到了尽头，他得做好停止治疗的准备。带着对医生职业权威的尊敬和顺从，男人答道："谢谢您，医生。我知道该怎么做了，请把我的孩子们叫来吧，我们现在就可以停止治疗了。”这个于 2004 年 7 月 26 日——也就是我生日的前一天——辞世的男人便是我的父亲。是他教育了我面对生活要乐观，面对死亡要有感同身受的同情心。

这部关于积极心理学的作品能够得以问世，与父亲那段漫长的临终的日子，以及我在医院与他共度的那些日日夜夜是密不可分的。我坐在他的病床边，落笔写下本书开头的几行字；通过他的眼神，我真真切切地领会了“勇气”“人性”和“宽容”这几个词的含义。我也明白了无论条件有多么艰难，我们仍是可以幸福地活着的。

本书要讲的是普通人怎么去拥有非凡的幸福，或者说是人人都可以学习的积极心理学。它可以为每一个在生活中寻求身心安康的人带来灵感，也可以为那些专业人员提供一些具体的思路和方法，那些专业人员的职业便是帮助他人更好地生活，或改变他人的人生观。简而言之，本书要让读者品尝的不仅是幸福的滋味，也有给他人带来幸福的滋味，就像“予人玫瑰，手有余香”。

如何令人开心?

大家可以试着做这样一件事：对某个朋友、亲戚、邻居，或者是某个客人生活中某些令人开心的事感兴趣，让他讲讲这样的事，讲讲他性格中正面的令他感到骄傲的某一点，或讲讲某个愉快的际遇。专心听他说话，且时不时问他些问题，让他多说一些，让他感觉到你的关心。大家可以注意一下他讲这些的时候是如何面带微笑的。他充满了活力！如果你鼓励他接着讲，他会很开心地继续他的故事……他会觉得很舒服。

谈论那些令人开心的事会让人本能地觉得惬意。在日常生活中，多谈谈这样的事可以让人觉得很开心。和痛苦的人说些让说他们觉得开心的事可以帮助他们走出痛苦。可见这么做是有治疗功能的。

对幸福的渴望

你最想要的是什么？你很有可能会回答：最想要的是幸福。你期望身心健康，你憧憬精彩纷呈的人生，你希望能够充分施展你的才华，你希望可以和周围的一切和谐共处。从本质上来讲，积极心理学所关心的课题正是那些你认为最重要的东西。它认为我们想要幸福的愿望是可以实现的。你我皆凡人，只要我们换种眼光看待生活，属于我们的恒久幸福便唾手可得。

在健康和医疗领域有这样一些人，他们主张不仅要治愈病人，更要在痊愈的病人心里种下对未来美好生活的希望的种子，积极心理学把这样一些人重新召集了起来。不仅如此，该学科也关心你我这样没有病的普通人，力求让我们大家的生活更美好。

与之相反的是，有的科学教人试图搞清楚痛苦的“配方”，正如还有的热衷于寻找痛苦的根源。迪迪埃为什么会变成今天这个样子：打孩子，在小孩子们不听话的时候无法控制自己的情绪？玛蒂娜又为什么会如此害怕与人亲近，以至于无法和任何人建立恋爱关系？

积极心理学则试图向我们解释、让我们懂得那些能够使人想要好好活着、享受生命的观点。它旨在回答以下问题：为什么“留给下一代”最让人开心？为什么乐观的人更长寿？为什么做爱或者画画的时候我们会感觉不到时间的流逝？那些圣贤在死亡的艺术上有什么可以教给我们的？艾米莉在 8 岁时遭受了乱伦性侵犯，她是如何保持内心平静，并在今天做到去支持其他性侵犯受害者走出阴影的？卡门是乳腺癌患者，可是她对生命依旧充满感激，其中的奥秘又是什么呢？

人类身上最美好的东西

积极心理学和绝对乐观主义的狂热粉丝们口中高呼的“正向思考”口号毫不相干，两者千万不可混淆。积极心理学主要是从对病理学模型的反抗中发展起来的，而病理学模型被视为心理学的信条。心理学在病理学模型的影响下发展成了卡罗尔·莱福（Carol Ryff）和波顿·辛格（Burton Singer）这两位美国心理医生口中的“破烂人生修理工厂”。但是，心理学的研究内容不能不包含人类身上“最美好的东西”！

因此，积极心理学提出彻底改革的建议：把“最好的”，而不是“最坏的”，放到舞台前面。它要求强调健康，而不是疾病；强调力量，而不是脆弱；强调解决办法，而不是问题所在。在这个观点上，焦点解决治疗创始人史蒂夫·德·沙泽尔（Steve de Shazer）用如下箴言解释了本书的精神：没有破就不要修；相反，一旦知道什么有用就多做点；而如果没用就别重复了，想想其他办法吧。

还有一点必须强调：本书并不否认“病人”需要治疗，也不否认得了精神病的人身上或者生活中有什么“不妥当”的地方，我们需要对此进行检查和治疗。但是，提高身心健康水平并不是只有靠减轻病症才能达到。专家也好，个人也好，我们大家都应该认识到，健康是由多个方面构成的，除了疾病，我们也应该看到还有另外很多依然健康的那些方面，而这些健康的方面也应该得到培养和照顾——就好像一个庄园有很多块土地，不论是贫瘠还是肥沃，每一块土地都需要耕耘。

描述各种病症及其治疗方法的书不计其数，它们的问世和存在自然是有必要的；它们可以给那些受病痛折磨的人提供一些具有启发性的答案。本书则从另一个角度出发，旨在超越病痛和得到幸福。

第1章[1]

人性的阴暗面

> 有位教授曾经说：如果你想在心理学上成名，那就应该发表一篇阐述人性比我们所能够想象的还要恶劣的论文。
>
> ——史蒂夫·鲍姆嘉纳和玛丽·克罗瑟斯[2]

心理学自问世以来就更偏向于关注人性的阴暗面。但这肯定不是因为人性本无善的缘故！只要回想一下2010年海地地震当地人救助被困群众时的英勇作为，我们就能反驳“人性本无善”论了。更何况，在人的一生中，我们每个人都会有需要面对痛苦、享受平静或纯粹幸福的时候。

其实，心理学更钟情于研究那些负面事物也不是完全错误的。我们每个人的注意力都或多或少地被厄运吸引着，因此，人们对那些不

---

①有意愿了解积极心理学起源的读者会对本书头两章比较感兴趣，否则对大部分读者来说可以直接从第三章开始阅读。

②史蒂夫·鲍姆嘉纳（Steve Baumgardner）和玛丽·克罗瑟斯（Marie Crothers）是两位美国心理学家。他们撰写的关于积极心理学的著作就像一个知识的金矿，为本书的顺利写作和完成提供了不可或缺的帮助。

大可能的或者意想不到的意外感兴趣也是可以理解的。一个有妄想症、自以为是天神下凡来拯救众人的青年，自然要比一个默不作声看着报纸等公交车的路人更惹人注意。不寻常自然就让人好奇！

当然，关心那些乐于助人的行为和虽然默默无闻却同样闪烁着人性光芒的人也是合情合理的。事实上，任何一个普通人都可以向往成为研究对象。同样的，虽然日常生活琐碎而艰难，但我们仍可以期待更美好的人生。

与生俱来的消极倾向

很多原因可以解释为什么人类对生活中的负面事件特别感兴趣，其中之一就是人类天生喜欢把不寻常的事视作坏事——即便客观地来说，事情其实是不好也不坏的。这种倾向在每个人身上都或多或少有点儿，有些人表现得不是很明显，而有些人却表现得很极端：他们没有一天不在杞人忧天、抱怨，或者把一些日常小插曲当成节外生枝，然后指责别人给自己的工作造成不便。

根据现任职于加利福尼亚大学的心理学教授罗伯特·艾蒙斯（Robert Emmons）的理论，人类的这种消极倾向是客观存在的，也就是说，它是有神经生理学基础的。它很有可能是人类在从物竞天择的自然法则中脱颖而出的过程中建立起来的：幸存者们正是因为比别人更能够辨识危险的信号，从而做出更加迅速的反应而生存了下来。换句话说，人类——或者从更广阔的范围来说，史上所有幸存下来了的物种——正是那些对周遭的危险保持高度警惕的动物。其他的物种都被狮子吃光了！

如今，虽然我们已经不再生活在狩猎时代了——肉食动物不会在郊区马路上奔跑，我们的生活条件也已经完全改变了——但这种自卫和反击的条件反射机能在我们的身体中已经根深蒂固。该机能在我们毫无意识的情况下一如既往地运行，仿佛我们的生存依旧需要依靠它的支持，有时候它甚至还会平白无故让我们处于警觉状态。因为同样的原因，我们忘记了另外一个事实：希冀、快乐和信任这样的正面情绪也是我们生存的必要条件。没有它们，我们便丧失了求生的意志。

不是常规，而是例外

> 狂吠的单犬比百条沉默之犬更吵。
>
> ——马修·李卡德引用过的谚语

社会学家们说，消极倾向的存在是因为负面事件相对正面事件而言更稀少。不幸之所以更引人注意，是因为它们是事与愿违的事物——它们不是常规，而是例外。

玛丽是个单亲妈妈，34 岁，生活看上去很平常。每天早上她早早起床准备早餐和午餐便当盒，并监督孩子们按时出门上学，然后把自己打扮一下去上班，接着又在傍晚的时候买菜回家。晚上她要做晚饭、洗碗、陪孩子们写作业，并整理屋子。接着，她就睡了。有一天，令她震惊的事情发生了：她无法像往常一样起床去做她每天都在做的事——她突然觉得生活毫无意义，并因此陷入了深深的绝望中。

艾蒂安在班级里名列前茅。大学毕业时，某国际大公司给了他一个很吸引人的项目经理的职位。工作勤劳、积极上进的他不负众望地开始了步步高升的职业生涯，并且在不久以后就成了公司高层中的一员。他从没有意识到他的工作给他带来的巨大压力，直到有一天，突如其来的恐慌使他无法再回公司……

负面事件就像生活道路上的拦路虎，因而总是备受关注。因为它们的出现改变了某人或某事在人们眼里的固有形象，因此，它们并不受欢迎。它们既令我们吃惊又让我们着迷。而我们对当事人的助人为乐之心又补偿了对悲剧的这份特殊兴趣，他们的痛苦遭遇唤醒了我们的同情。对于他人，我们总是对其痛楚备加关注，而对其幸福不予过问；对于我们自己，也是如此：平安健康是不需要怎么关注的，而病痛一下子就能引起我们的注意。

| 战后归来的绝望士兵 |

除了遗传和社会因素可以解释人类的“消极性”，另外还有一个历史因素也可以说明为什么心理学对我们生活中“最坏的事物”特别感兴趣。这还要追溯到20世纪中期的第二次世界大战，它不仅改变了世界，也改变了心理学的发展方向。

在那个年代，战后的士兵们回到了他们的祖国，精神和心灵都被摧残到了极致，于是医疗工作者们不得不开始治疗他们的精神疾病。

这场历史性转折带来些许有益的结果：由于士兵们的归来增加了对各种精神障碍的治疗的需求，因此，许多精神障碍得以治愈，至少症状得以减轻。但从长远来看，成功背后的代价也不小。在把全部精力都贡献给了精神错乱的同时，心理学发展成了一门“关于精神疾病的科学”，而那些心理学模型也只是单一地去揭示人性中阴暗的部分。结果就是，很久以后，心理学各个学派试图用这些模型来了解和治疗“正常”人群，而这些模型本是基于很严重的精神疾病建立起来的。

弗洛伊德和癔症患者的“常人的幸福”

这个心理学谬论是由弗洛伊德在第二次世界大战前提出的。这位奥地利精神病专家对心理健康和心理治疗提出了独到见解。他的众多观点对心理学有着深远影响，其中一个是，人“潜意识里都有搞破坏的冲动，所以我们要驯服这类想法和冲动”。弗洛伊德说，心理治疗工作的最大期望，只不过是让那些饱受神经官能症之苦的患者最终能得到“常人的幸福”。讽刺的是，如果我们以他自己的模式做参考，就会不得不怀疑弗洛伊德是否曾经有过非常痛苦的童年和一个特别具有“阉割情结的”母亲，才造就了他如此扭曲的灵魂。

同样，对这位博学的心理医生来说，“常人的幸福”的含义在于言行举止符合社会规范。他认为没有神经官能症的人可以很好地生活和工作，虽然不一定幸福。但是，我们也不应该责怪弗洛伊德这种对心理健康有缺陷的看法，要知道他当时的研究对象都是患有非常耸人听闻的神经官能症的。历史文档记录的那些歇斯底里的女性癔症患者正是弗洛伊德的观察对象——在监督严密的收容所里，她们被绑在床上。

我们承认，对于癔症患者来说，能够像正常人一样生活已经是显著进步了。但是，一个正常的病人，也就是说一个精神健康的人，他也能追求幸福吗？答案当然是肯定的。事实上，在那个时期，正常的病人是不存在的。那些有幸得以与弗洛伊德会面的人，都是来自极其富有且又有家庭成员饱受精神折磨的家庭。就因为这样，心理疗法——一般将其诞生归功于弗洛伊德——成了探索灵魂深处的阴暗的同义词。

了解过去不足以改变现状

即便到了今天，弗洛伊德学派给旧疾后遗症所赋予的重要性，以及其理论的高度复杂性，仍然让很多人感到困惑。精神治疗师对他们的病人显得很同情，然而，他们中有些人用的语言根本无法听懂。尤其是当他们彼此会面讨论、剖析病人的情况时，他们会用到诸如“弗洛伊德口误”“非本意行为”之类的词，会说因“非安全型依附”而引起的“假自我”或者“恋己癖”等。而不幸的是，对于这些巧妙的术语，当事人自己连一个反对的词都说不出来。而且，就算病人有反对意见，不管是明显的还是隐蔽的，都被认为是病人将自己面对其“严父”时候的态度不合时宜地转移到了对待他的治疗师上。

尽管这些思辨充满了智慧，很有深度，但弗洛伊德传统学派采用的对人类行为进行分析的方式却让人感到失望。这些构思唯美得令人震惊，可是很遗憾，它们并不能帮助解救病人。有些病人被过去折磨得痛苦不堪，对未来却止步不前。在很多案例中，一年、两年甚至三年的精神分析有可能只会带来一点点变化。有的病人对他们的过去深感失望——在精神治疗的帮助下，他们对自己的过去了解得彻彻底底——可是他们无法对让他们自己觉得很悲惨的现状做出改变。

我认为，精神分析在精神疾病起源问题上阐述的观点，无论如何都是非常精彩的。有些弗洛伊德学派接班人提出一些模式，可以揭示精神障碍的性质和发展方式，这让很多病人受益。然而，虽然精神分析一直以来深入民心，但光是对过去的剖析还是不足以帮助人们得到幸福。就像心理学博士罗伯特·艾蒙斯质问的那样：到底是我们是过去的囚犯呢，还是这不过是“心理学的错觉”？关于这个问题，法国神经精神病科医生和精神分析学家鲍里斯·西吕尔尼克（Boris Cyrulnik）向我们证实了毫无疑问的一点：有的人不仅在逆境中幸存了下来，而且他们还在逆境中成长、发展。

当这个观点于己无益的时候，我们可以这样摆脱它：想一想，如果我们今时今日面临的困难可能来自于过去这个破坏了的基础，那么它也可能暴露了我们现今对它的不恰当的使用。克里斯托夫·安德烈（Christophe André）写道：从定义上来说，“过去的已经过去”。他还写道：我们是在和过去的幽灵做斗争。这个幽灵到底是现实存在的呢，还是心灵为了给人生寻找存在的意义而编造出来的呢？而和这个幽灵的纠缠又究竟是不是一个好办法？是不是这样就可以帮助我们去面对现实生活和走向成功？

光是了解过去显然是不够的。我们要释放自己，并想出新的办法来开始我们现在的生活。如果过去几年给我们留下了痛苦的痕迹，那么我们就要学会用新的眼光重新审视历史。我认为，如果说把眼光放在令自己不快乐的原因上很重要——但也并非总是非这么做不可——那么，把眼光放到别处，也就是直视前方，也是非常有必要的。美国心理学家米尔顿·艾瑞克森（Milton Erickson）建议通过到山里远足来遗忘精神的痛苦。在步行过程中，尤其是如果行走还非常吃力的话，我保证，你脑中所有的问题都会相对淡化了，而且，一般来说，大自然的美景会让我们忘了所有的烦恼。

病理模型及其“病例”

多年来一直处于聚光灯下的病理模型，给了我们最后一个可以用来解释“消极”的无上权力的理由。病理模型是心理学的唯一参考。病理模型宣称它独自便可以解释人类的本性，甚至有人说它还能够创造人性。正是病理时代造就的这种语言加深了人类视线里的灰暗。

在病理用语中，当事人变成了一个“病例”。此外，我们还有一些“极好的病例”的说法：一个广泛性焦虑症病例、一个兼带其他病症的毒品依赖病例、一个疑难病例或者一个麻烦的病例。所有这些病例对临床心理医生来说都是一个挑战，也促进了他在事业上的更上一层楼。当其中某些复杂的病例使他们陷入困境的时候，他们就把这些病例转给另外一些更资深的同事。

为了专家们在研究病例时的交流方便，“标签”可以起到定义疾病性质的作用。这样做可以帮助医生更好地了解和治疗病人。但是，也有危险，那就是我们会忽略这么一个事实，即理论无法完全定义一个人的现实情况。例如，皮埃尔不仅仅只是一个情感依赖症患者，而琼安也不只是一个双极症（躁郁症）患者；前者还是一位杰出的律师，一名慷慨的父亲和一个细心的丈夫，后者则还是一个画家，从她的画里可以看出她对艺术有着超凡的敏感性。

这类编码似的语言是具有诊断权的精神病专科医生的专利，对此病人只能接受。某个孩子成了一个有“多动症”的小学生，某人对其女朋友有情感依赖症，或者当某人饱受“狂躁强迫”之苦后便处于双极症的抑郁阶段。换句话说，病人最终把贴在他身上的标签当成了一个确凿的事实。然而，如果说有些病人能够利用这个身份去得到相应的治疗，大部分病人却很不幸地在他们的新身份面前手足无措，而这个赋予了他们新身份的领域——我认为应该被称作邪恶的领域——就是病理学领域。

> 神经系统科学认为，把注意力集中在自己的问题上，也就是不停地去想这些问题，以及经常与人说这些问题，会过分强化神经元系统，而神经元系统则会因为这个重复和刺激的过程而相应地制造一些病理症状。这种持久的注意力最终变成一种强迫观念，而这种观念又继而成了现实。我们可以把这个过程跟肌肉锻炼类比：越是练习举重，我们的肌肉便会变得越发达。同理，我们越是提醒自己有病，那么我们便会病得越厉害。

精神疾病是一门“好生意”

心理学的病理模型造就了美国精神医学学会的《精神疾病诊断与统计手册》（简称 DSM）的出版。该手册可谓是精神疾病的圣经，其用处之大可谓令人惊惧，因为它把我们带到了一个用肉眼就能看出来的正在迅速壮大的世界里。该手册初版于 1952 年，当时收录了 60 种不同的精神疾病，而到了 2000 年修订的第四版时，已经有 410 种精神疾病了。看来人类是非常悲剧化地病得越来越严重了……

《精神疾病诊断与统计手册》是心理治疗师不可或缺的工具书。

借用该工具书，治疗师便能了解病人的过去，并掌握相关词汇，以便和同僚讨论病人的症状。

然而，该手册自问世以来便备受争议，其中最有名的便是关于同性恋的争议。同性恋最初被视作“一种病”而名列该手册，后因为众同性恋组织三年的游行反抗，于 1973 年由美国心理学会投票通过予以删除。如今，同性恋的“非疾病性质”观点已经在精神病学领域被广泛接受。

何来的这种“发明”疾病的需要呢？激进的人大概会说是为了将与疾病相对应的药品合法商业化。在这个各种药品和治疗竞争非常激烈的时代，确实有不少产品得不到生存保障。实证有效治疗（Empirically Validated Treatments，简称为 EVT）的出现就很好地证明了确实有很多人相信利用医药手段诈骗牟利现象的存在。

EVT 指的是医疗保险公司承认的治疗。这个名字意味着该治疗方法胜过一些安慰性治疗，也就是说错误治疗。简单地说就是，如果病人在使用某种治疗以后，比不治疗或者比用别的疗法治疗有更好的疗效，那么这种治疗就被证明是有效的。然而，有时候证明某个治疗方法的确是实证有效的，要求仅为两项研究。两项研究就可以让人相信这个疗法的可靠性了，这是不是少了点儿？确实，仅仅两个例子就说明某个治疗有效有些轻率，可杂乱无章的医疗界偏偏就喜欢这样。但这还不是问题所在，应该说，不是唯一的问题。

那些用该研究方法证明有效的治疗方法目前是很时髦的。《突破心理治疗中的“不可能”案例》的作者，三位美国心理学家米勒、邓肯以及哈布尔（Scott Miller, Barry Duncan 和 Mark Hubble）坚信，目前 80%的实证有效的治疗方法属于认知行为治疗这个心理学流派。而认知方法也确实可能是有效的。只是，不管正确与否，其他的方法却很少被研究。无论如何，还有一点我们也不应该疏忽：如果我们注意到这些研究者都是用什么方法去证明这些方法的有效性的，那么其中的有效性区别也就不存在了，因为大部分证实认知行为治疗有效论的研究者自己就是该治疗方法的使用者。

让我们强调一下下面这件事：当其他心理学派（比方说人本主义心理学或者精神分析）的学者以同样目的去研究他们的学派时，也会出现同样的现象。虽然正是某个学派的拥护者们在尝试证实该学派的真实可行性，但这其实并不是问题的所在。当然，这样的精神还是可嘉的。心理治疗学的问题在于，各个学派某些刻板的观点尽管在理论上正确，在实际操作中却并不能真正地帮助病人。

| 放大镜下的现实生活 |

某些普通的不适从此就在某精神疾病手册中被贴上了不同的标签。因为亲人的离世而长时间深切悲痛、因为失去工作而感觉没有方向且内心充满羞耻、因为单身而感觉情感无处依托，这三种情况分别被归类为“抑郁”“适应障碍”和“依赖心理”三种心理疾病。

不得不承认，我们生活的时代对所有无关生活的想法——通常都是理想主义想法——少有包容可言。如果说目前有些反应是“被病理化”了，那么我们每个人也可以对自己或别人的生活进行评价。然而，当我们用放大的、剖析的眼光去看我们自己或别人的存在方式时，不可避免地会发现一些丑陋的事物。当我们拿着放大镜看现实的时候，不管其本来面目如何，我们都会看到不完美的地方。

用“戴着老花镜的眼睛看现实”，也就是把现实用放大镜放大，当现实被极端放大后，优点甚至会变成被掩盖了的缺点。法国科学家、藏传佛教僧侣马修·李卡德说，客气或“装无私”也可以看作是因为害怕别人的评价，想要被赞美，减轻心里的负罪感，或者单单因为我们不忍看到别人不幸而使用的掩饰手段。举个典型例子，美国历史学家、普利策奖得主多丽丝·古德温（Doris Goodwin）认为，埃莉诺·罗斯福（Eleanor Roosevelt）之所以致力于帮助弱势人群，是因为她期望以此补偿她母亲的自恋癖和她父亲的嗜酒癖。似乎她仅仅因为有着一颗仁慈的心而做这一切是一件无法想象的事。

这种现象是会传染的。你是不是也有过这样的经历：你以为某个邻居，甚至你自己的孩子跟你打迂回战或者做某件讨你欢心的事，肯定只是为了要你帮个什么忙？而事实却并非就是如此。

第 2 章 正能量改革

有个美洲印第安老人对孙子说："我们身体里有两只狼：其中一只代表负能量，即怨恨、恐惧、愤怒和欲望；另外一只代表正能量，也就是体贴、感激、耐心和宽容。"

孙子问："如果这两只狼打架，谁会赢呢？"

"那就要看我们喂养的是哪只了。"

尽管有这样的强烈主张认为人性是病态的或者不诚实的，我们还是不得不承认，人类"健康"的一面，或者说其"正能量"，是真实存在的。而且，这种"正能量"并不是从"负能量"中衍生出来的。相反，它是完全真实的，它的存在和其他事物一样，是实实在在的。这样的"健康"是我们自我认同的核心。如若不信，请试着回忆和想象一下我们的激情、梦想、爱恋，以及那些令我们记忆深刻的、带着正能量的经历。此类回忆和想象能够在我们心中激起某种情感，而这种情感并不是肤浅的，相反，这些画面给我们的灵魂和内心深处带来的美好感觉是铭心刻骨并且日渐壮大的——只要我们还在给这样的正能量做补给。

除非是处于某些异常困难的条件下，否则，通常来说，我们每个人身上的正能量是大于其他能量的，只是我们对此并没有加以特别关注，因为正能量本身的存在是很普通很平常的，也就是说，它的表现形式总是自然而然的。但是，就是这样的“普通事物”，却在几个世纪中吸引了不少显著人物对它的关注。

| 那些伟大的哲学家们关于幸福的理论 |

在 1776 年起草的美国《独立宣言》里，杰斐逊提出“追求幸福”跟生存和自由一样，属于人类不可剥夺的权利。

最早提出这一概念的是亚里士多德（公元前 384—公元前 322）。“每个人，”他说，“只要他的生活和他真正意义上的自己，也就是灵魂，是协调一致的，就能够得到幸福。”“幸福”，在希腊文里叫 eudaimonia，这个词的前缀 eu 是“良好”的意思，而 daimonia 是“灵魂”的意思，也就是说，古希腊人认为幸福源自健康良好的灵魂。亚里士多德进一步解释说，人类喜欢成长和发展，他们从不断的成长和发展过程中得到的乐趣也无限壮大。人类有过好生活的欲望，这种欲望由理智驾驭着，又带着个人走向幸福，且为他带来了“最大的福利”。亚里士多德那不朽的唯心主义理论认为，如果有人为了富有而成为医生、律师或者商人，那是因为他们以为金钱可以使他们快乐。

两千年之后的 18 世纪，英国哲学家休谟提出，幸福是人类最深处的智慧，对这种智慧的追求可以激发在各个领域——不管是艺术领域还是技术领域——的灵感。如同他的鼻祖亚里士多德，他认为，农民在最艰苦的条件下开垦土地和石油巨头进行投资的性质是一样的，都是被他们活着的伟大目标——幸福地活着——引导着。

同样的，对德国哲学家康德（1724—1804）来说，幸福就好像是那颗让人憧憬的恒星。然而，他又说，我们有责任为了得到幸福而做出行动。幸福不是天生的，也就是说，它本身并不存在，我们必须为自己创造幸福。

还有很多别的哲学家也对“幸福”这门学问满怀兴趣。他们的思想曾经广为接受，且对当时社会的政治、宗教等方面都有很大的影响。但是，他们当中有些思想也被认为是说教者的观念，比如，某个关于要力求做个“好人”和过“好生活”的观念就在后来被否定了。因此，如果说哲学在人类发展史上起到了极大的积极作用，为之注入了大量的正能量，那么，其中也有一些理论，对部分人来说则是留下了一丝苦涩的回味。

人本主义心理学的问世

除了这些伟大的哲学家，当代积极心理学史毫无疑问是和 20 世纪 50 年代人本主义心理学的诞生密切相关的。该学派受到当时文化和政治改革的拥护，主要提倡解决“人类如何自我实现”这个问题。跟那些故弄玄虚的教条大不一样，该学派宣扬一种超越道德价值的“个人幸福”。一些临床心理学家，如著名的高尔顿·奥尔波特（Gordon Allport）、亚伯拉罕·马斯洛、卡尔·罗杰斯和辛尼·吉拉德（Sydney Jourard），都把他们的职业生涯贡献在了对“人类潜能”概念的宣传和推广上。

从文化的角度来说，被誉为行为学派和精神分析学派之后心理学上“第三势力”的人本主义心理学，是当时最有影响力的学派。它的影响不局限于心理学领域，它也为当时一些震撼了整个社会的思想的诞生做出了贡献，比如言论自由和性爱自由。其中最激进的学派分支摒弃了朴素而又错综复杂的实验性研究，而采用了加利福尼亚海岸式的“这里和现在”类体验——当时，加利福尼亚海边流行抽大麻和做身体心理治疗。

因此，随着该反正统文化学派的兴起，相当一部分人文主义者转而开始了反成规实践，只是他们最终都没有从科学意义上获得多大的成就。人们对此充满了怀疑！于是又有一些名家建议研究“健康”人群。他们觉得不管怎么说，世界上有这么多健康的人，是个值得被研究的人群！作为该观点的创始人，美国心理学家马斯洛大胆地提出了精神健康要高于无精神疾病状态的观念。

马斯洛和那些伟人们

马斯洛曾经用略带点儿挑衅的姿态问他的学生：“你们当中有谁希望成为伟人，一个伟大的政治家或作家？”没有学生敢举手。他再问：“如果你们不想，那谁会去想？你们看着好了，我现在就可以警告你们，如果你们明明能做得更好却不去做，退而求其次，那你们的余生将会郁郁寡欢。”

马斯洛在他 1954 年出版的《动机与人格》（*Motivation and Personality*）一书中提出了“积极心理学”这个词，他也毫无疑问是第一个使用该词的人。马斯洛在该书中研究那些被他称为“伟大的人物”。为了让人接受——因为他确实有这么做的必要——他那在当时看来很边缘化的研究，他解释说，要想知道怎样才能变得健康，研究健康人比研究病人更有价值。他用赛跑的类比来阐述他的想法，说，如果我们想知道一个人最快能够跑多快，计算运动员们的平均速度或者研究他们中最蹩脚的那几位肯定都不会是好办法。最好的办法终究还是把所有的奥运会冠军集合起来，然后观察他们所能达到的最好成绩。

但马斯洛不仅仅研究“胜利者”，与此同时，他还研究另一些人，那些人虽然不是数一数二的人物，却能够在他们的人生道路上找到独特的方法去面对各种困难，从而非常出色地跨越了重重障碍。他认为科学将“正常”——马斯洛将之称为“平庸的正常”——当成是我们的生活所能达到的最好境界是错的，而我们不应仅仅满足于此。

马斯洛研究那些遭受重创之后克服困难并超越了自己的人，这些研究为后来鲍里斯·西吕尔尼克的对抗逆境心理弹性研究拉开了帷幕。马斯洛提出了“高峰体验”的先锋概念，这个概念在大力宣扬“个人发展”的20世纪60年代大为流行。在当时的纽约中央公园，有很多人都在披头士《缀满钻石的天空中的露西》（*Lucy in the Sky with Diamond*）的旋律中体会到了“高峰体验”！马斯洛把这样的体验描述成超验性的时刻，经历这样时刻的人体会到了天人合一的感觉，完全沉醉于某种奇妙、快乐、充满了爱和感激的氛围中。之后，米哈里·齐克森米哈里（Mihaly Csikszentmihalyi）将高峰体验概念和他的心流（flow）概念一起再次提出来。本书后面也会讲到心流概念。

卡尔·罗杰斯及其“自我实现趋向”理论

卡尔·罗杰斯用他的“自我实现趋向”理论对“积极革命”做出了贡献。他喜欢通过讲述他个人对自然界的观察来阐述他的观点。例如，他曾经说过他的母亲把土豆储藏在地窖里过冬，可出人意料的是，土豆发芽了。此般徒然却令人惊奇不已的生长让我们联想到那些在艰难到几乎非人地步的条件下依旧能够进步，并找到他们的人生之路的人。卡尔·罗杰斯还有一个有名的同理小故事讲述了即使在险恶的环境里，人类也可以成长进步的道理。

几个月前的一个周末，在布满陡峭峡谷的加利福尼亚北部海滨，我站在其中一个峡谷的海角峭壁上。在峡谷口有很多露出水面的礁石，它们被太平洋汹涌的波浪鞭打着，而这些波浪将自己在礁石上击碎之后又变成了浪花组成的小山峰，重新掀起来，汹涌地向岸边的峭壁打去。我看着这些波浪在远处巨石上摔成粉碎又覆盖住远处那些大礁石，注意到礁石上长着一些看上去极其微小的小棕榈，感到很是惊奇。这些遭受浪花锤打的棕榈大概只有 70 厘米到 90 厘米高。通过望远镜，我看到这是一种长着“树干”和叶子的藻类植物。如果在没有海浪经过的时候单独地观察一个样本，这棵脆弱而又太过挺直、头重脚轻的植物似乎很容易会被下一个海浪完全击碎、折断。当海浪打在它身上的时候，它的躯干弯曲到了几乎完全被压倒的地步，而叶子几乎被急流打成了一条直线。然而，海浪才刚刚退去，植物便又回到了原样，完好地挺立着，坚固而又有韧性。这样一棵植物，一小时接着一小时，夜以继日，一个星期又一个星期，甚至可能一年又一年地被不停地锤打着，这似乎根本是难以置信的。而与此同时，它吸收养料，开枝散叶，并繁衍后代。简而言之，它不仅一直活着，还开

> 出了花，用我们简单的语言来讲，就是成长。在这里，在这棵看上去有点像棕榈的海藻身上，我们看到了生命的韧性，它不断往前的冲劲，以及它在难以置信的困难环境中用力渗透的禀赋，这不仅仅是为了保护自己，更是为了适应环境、发展和成为自己。

每个人生来都有种能力可以用来辨别对自己有益的事物。这种先见之明与支配“良好行为”的“超我”无关——没有“超我”，人就会做一些罪恶的事，并因此而在死后直接下地狱。这种天赋是内在的，它像灯塔引导船只一样指引着我们的人生道路。它带着我们自然而然地为自己寻找安康，也为别人带去安康。

| 科学教主马丁·塞利格曼 |

积极心理学极有可能就是在人文主义运动的基础上诞生的。但是，和20世纪60年代涅槃般地强调个人和自我（me, myself and I）的人文主义相比，积极心理学无疑是青出于蓝而又胜于蓝的。积极心理学鼓励的是健康的个人在“健康的社会”中的发展，两者密不可分。

而且，人文主义对科学充满怀疑，而积极心理学对人文主义的这一态度并不认同。相反，积极心理学利用科学来声明“积极学”有着和“病理学”同样重要的地位，并无轻重之分。正因如此，2002年，心理学专家查尔斯·施耐德（Charles Snyder）和肖恩·洛佩兹（Shane Lopez）在他们主编的《积极心理学手册》（*Handbook of Positive Psychology*）的最后一章《积极心理学的未来：独立宣言》（*The*

Future of Positive Psychology : A Declaration of Independence）里宣告了“积极心理学作为一种独立的医疗模式的成立”。

这部作品为我们这门关于幸福的科学正式走上舞台拉开了帷幕，而塞利格曼则被普遍认为是积极心理学之父。带着坏男孩气质的塞利格曼青出于蓝而胜于蓝，为正走向过时的人文心理学点燃了革命的火花。1998 年，时任美国心理学会主席的他号召美国以及全世界的心理学家来帮助人们过上幸福的生活。

尼奇的故事

这看上去很不可思议，塞利格曼起先是因为他对“习得性无助”（learned helplessness）的研究而出名。在 20 世纪 60 年代，他用实验证明了当我们对动物施加轻微的电击，动物最后会以“习得性无助”的屈服而告终。他把他起初几年的科学工作都贡献在了这项悲伤的研究上，直到有一天，他的女儿尼奇给他上了很特别的一课，后来这一课一直被他当成故事讲述。

> 在院子里，塞利格曼忙着除草，而他女儿尼奇却以将枯枝抛向空中为乐。尼奇的行为激怒了他，于是他提高声音严厉斥责了她。尼奇沉默了一会儿后主动和父亲交谈了起来。她对他说，自己曾经一直都是个爱哭鼻子的孩子，可是在她 5 岁生日的时候，她下决心要改变自己，然后她成功了。她接着对她父亲建议道：“既然我可以在 5 岁的时候停止哭鼻子，那么在你这个年纪，你也可以变得从此不再如此暴躁的。”

这件事让塞利格曼深受震动，也改变了他对人类的看法：他在尼奇身上看到了一种叫作“情商”的力量。他意识到他可以培养和发扬这股力量，从而让尼奇在她今后的人生道路上可以顺利度过困难的岁月，并快乐成长。

再回到自己当初的研究，这位心理学家发现，有三分之一的动物尽管也受到了电击，却并没有表现出他理论中说的这种惰性。塞利格曼于是开始思考为什么有的人虽然处于困境却永远不会屈服。在同等恶劣的环境中，别人会显出消极和悲伤症状，而他却没有，是什么使他能够做到百毒不侵？多年以后，他把他的想法写在了《习得性乐观》[①]（*Learned Optimism*）一书里，广泛传播开来，接着他又出版了畅销书《真实的幸福》（*Authentic Happiness*）。

病人身上也有正能量?

> 你能想象你跑去看医生就是为了让他从临床医学的角度来检查你身上那些“健康的方面”吗？这个想法很荒唐。我们通常都理所当然地认为医疗咨询局限于对各种不适和病情的诊断，诊断以快速治疗为目的，而治疗手段一般以药物治疗为最常见。考虑到医生都很忙，我们能够和他会面的时间总是很短，也没有机会可以就我们健康的方面进行闲聊。然而，如果我们认为了解自己哪些器官或者生活习惯可以帮助预防疾病这一点是有用的，那么事情就可以是另外一个样子了。

①此书名为字面直译，市场上已见该书的中文版《活出最乐观的自己》，万卷出版公司，2010 年。——译者注

塞利格曼觉得这个想法并不是那么荒唐。当他创立积极心理学的时候，他的首要目的是出版一本诊断“人体健康”的指南书。他希望借此给人提供一个用来评估精神“健康”的工具。

塞利格曼的这个想法是在他参与《精神疾病诊断与统计手册》第四版（DSM-IV）修订的时候产生的。关于这本书，我在前文已经提到过，它是精神治疗师给病人诊断时不可或缺的工具书。该书凭着它至高无上的威信严重影响了心理工作者们的心理“健康”概念。根据塞利格曼的说法，该书对每一种精神障碍都有很详尽、完整的描述，而对人的健康方面却只字未提。

为了能够让诊断更完善，也就是让诊断结论中同时包括人的“健康”部分和“不健康”部分，塞利格曼和克里斯托弗·彼得森（Christopher Peterson）开始致力于为《精神疾病诊断与统计手册》做补充手册：《性格力量与美德：分类手册》（*Character Strengths and Virtues: A Handbook and Classification*）。此书将有助于人们对精神疾病的预防，以及与之抗争。

该著作（关于它的内容我在之后的第 15 章还会描述）曾被幽默地命名为 UNDSM，就好像七喜饮料曾被戏称为非可乐（UNCOLA 或 INCOLA）一样。UNDSM 这个冠名就是因为该手册完全不同于简称为 DSM 的《精神疾病诊断与统计手册》。但是这两本巨作又相辅相成，就像米哈里·齐克森米哈里说的那样，它们都是不可缺的，就好像不同的汽水，大家都需要，或者至少都想要。

如今，塞利格曼努力要让幸福就像牛顿发现的万有引力一样成为人类科学史上的重要发现。他想方设法让人们去认识这个概念，毋庸置疑，这个概念改变了心理学的前景。一个“平常”的人，如果比以前更了解情况，要求更加严格的话，他将不再屈服于心理病理模型，因为说到底该模型也不是为他这样的健康人设计的。他需要的是治疗师们考虑到他作为一个健康的人对幸福的需求。

在实践中对正能量的重视不仅适合心理学改革，也对其他与健康和教育相关的领域有一定影响。如果以前相关工作者只是考虑："这个来访者哪里不适？"那么从今往后他有责任还要再想一下："这个来访者身上又有哪些方面是好的呢？我怎么才能帮他使其好的方面变得更好呢？"

不惜一切代价寻求幸福的信念

此刻当我写这几页书的时候，积极心理学正在蓬勃发展着。最近在美国费城召开的国际心理学年会上，塞利格曼断定该学科将是"心理学的未来"。大量的文章、书籍以及知名网页都为它做广泛宣传。美国最受欢迎的几所大学纷纷开设了积极心理学课程，而其中最具声望的当属哈佛大学。哈佛大学积极心理学课程每年有1000多个学生选修。多亏了被称为积极心理学新"思想导师"的泰·本-沙哈尔（Tal Ben-Shahar）教授，我们还可以在网络上听这门课。

毫无疑问，这是一项革命性的新兴学科的崛起，但这同时也是一种新文化潮流的诞生。一股新的潮流在大众面前涌现。在2005年某期《时代周刊》上，诸如"乐观的人更长寿吗？""快乐是遗传的吗？""我们为什么需要笑？""上帝希望我们幸福吗？"之类的标题醒目地占满了封面。

如今我们讨论的这类课题和刚刚得到认可的概念有着异曲同工之

妙，这个概念关于生活质量对工作效率的重要影响。如今的 Y 一代[①]已经不再害怕表明自己的需要了。30 来岁的年轻人会在他上班的第一天告知他的上级：除非紧急情况，否则，他的下班时间是用来休息的，他的周末是要和家人一起度过的。

然而，这个时髦的课题在它的信徒中激起的热忱是如此可观，以至于有人开始担心这又是一个新的关于乐观和寻求绝对幸福的信条。2007 年，塞利格曼受 BBC 新闻频道邀请，参加了一个节目，讨论积极心理学在政治领域担任的角色。同年，蒙特利尔《新闻报》用了一整个每日专栏来讲当今社会中“追求幸福的困扰”。今天，我们在谷歌上可以找到成千上万的带有“幸福”这个关键词的网页；事实上“幸福”这个词在网页上出现的次数比“富有”更多！

或许这不过是一项博爱运动，但我们也必须要注意到它的广泛传播，不论是在通俗文学领域还是在思想领域的传播——有人觉得它是在“危险地”传播着。尽管支持该运动的人越来越多，仍有不少反对者要求找回他们忧郁的权利，并指责该运动的目的是要消除人类生活中的“消极”状态。他们是对的吗？部分来说是对的。在这些持不同意见的人当中就有美国作家和英语教授埃里克·威尔森（Eric Wilson），他在《反对快乐，歌颂忧愁》（*Against Happiness: In Praise of Melancholy*）一书中说，我们不惜一切代价追求幸福的野心必然会牺牲悲伤，虽然有人想把悲伤从我们的情感库里删除，但它却是我们的主要情绪之一。然而，反对幸福的运动影射的是一个歪曲的积极心理学概念，因为，在实践中，积极心理学肯定不会宣扬纯真独裁、永恒惬意和判断力的丧失。这些都不过是那些最爱危言耸听的人故意描述的讽刺漫画而已。

---

①此该说法来源美国，指新一代年轻人，具体年龄限定说法不一，大致相当于国内 80 后的说法。——译者注。

第 3 章 关于人类正能量的科学

> 选择幸福并不可耻。
>
> ——加缪

关于积极心理学的描述，颇有些是让人感觉挺花里胡哨的，如“关于幸福的科学”“微笑背后的学问”或“让你感觉良好的科学”，但我们最常用的还是“积极心理学”这个概念。

| 一个备受争议的名称 |

“积极心理学”这个名称本身有些问题（顺便提一下，如果您有更好的建议，我很愿意参考一下）。“积极”指的是那些令人向往的事物，这个词用在这里似乎对其他学科有一定歧视性，因为这个名称让人觉得其言下之意是所有非积极心理学领域的学派必然都是“消极”

心理学。

更何况，很多人都错误地把积极心理学和正向思考——或者艾蒙斯所说的“幸福学”——混淆了，后者鼓吹世上一切均是向着最好的方向发展的。面对一个无比痛苦的人，正向思考者会天真地说些诸如“你看着好了，明天会好些的”，“又没到这么严重的地步”，或“看！人生还是很美好的”之类的话。他们无法认识到有时候事情确实就是很糟糕。

积极心理学也不同于《秘密》（*The Secret*）一书或者埃米尔·库埃（Emile Coué）治疗体系中宣扬的那种有魔力的思想程式。克里斯托夫·安德烈说，这位南锡药剂师开发的著名治疗方法建立在认为所有思想都有可能成为现实的观点上。虽然有研究证实精神思想确实有某些特定能力，但积极心理学并不认为它可独立诱发什么事件。

积极心理学不是当代哪个伟大人物发起的某种理论复苏，某种关于超越自我的神秘理论。它也不同于“通俗心理学”，即便随着它的蓬勃发展，这门千真万确属于科学类的学科吸引了越来越多对它感兴趣的人，正日渐通俗流行。

我们也不应该经常把积极心理学和“实证主义”联系在一块儿，这两个理论其实是完全对立的。实证主义是什么？它是一种认为实验是认知的唯一途径的理论模型。所以，积极心理学和那些通过拿动物做实验——这让我们联想到一群在迷宫里小跑着寻找奶酪的老鼠——来认识人类的行为举止的实验室也毫无关系。

嘘！我们不谈幸福！

综上所述，“积极心理学”这个专业名称的用法有利也有弊。它听上去不大严肃，就好像幸福本身一样，让人捉摸不定。德国哲学家叔本华曾如此诲人不倦：幸福完完全全就是空想出来的，它不过就是痛苦的暂时缓解。他声称幸福永远都是短暂的、断续的，最终总是被痛苦代替，所以，科学应该着重研究那些更基本更主要的元素，即痛苦和死亡。

确实，对如“幸福”这般浅显的课题，科学能有什么好揭示的呢？可是，积极心理学还真就这样冒着平庸的风险，研究起了那些不过就是人身上的“如意的”事儿。它研究“普通人”，其目的在于发掘他身上那些使他幸福，并且使他总是能够越来越幸福的元素。

玫瑰是一个“普通人”，但从某些方面来看，她又是“不普通”的。她现在大概有80多岁了。据说她曾经在大商场工作。她未婚，也没有孩子，甚至没有家人。在我那酗酒成性的叔叔罗杰还活着的时候，他们是亲密朋友。

从我有记忆开始，玫瑰便一直陪伴着我叔叔。不管日子平淡朴素还是充满了希望，他们一直默契地共处着。在那些艰难岁月里，她支持着他，将他从“堕落的边缘”挽救回来。尽管如此，我从没有看见过她有消沉的时候。她常常发点儿小愣，眼神又有点儿调皮，唇上也总是有着夸张的笑容。每次遇见她，她总是不失时机地和我们讲些黄色笑话。我们知道她曾经因为乳腺癌而做了双乳切除手术，但这并没有改变她对我们的关心和嘘长问短，她跟我们大家都相处得很好。

在心理学会议上讲述一个人的健康就像是电视新闻里的“社会新闻”——两者都引不起听众的兴趣。确实，奇怪的是，幸福——这个说起来“软绵绵”的概念——在科学界的名声特别坏。

如果要给同事们留下深刻印象，那最好还是讲些精雕细琢过的课题，比如“依恋障碍”或者“关于人格障碍的神经系统科学”，又或者说些诸如用 DSM-IV-TR 诊断出来的 TDAH、TAG 或者 TOC 之类的病①，以及其他一些内容深奥的精神障碍名字的字母缩写。如此，我们便是时髦、与时俱进的人，我们便有可能会找到一个被我们智慧的言论吸引的对话者！反之，如果讨论一些像如何让年轻人更自信，或者如何让六七十岁的老人安然老去之类的话题，那么基本上可以肯定，我们会让人觉得不合时宜、乏味透顶、无聊至极，且让人厌烦不已！

由此可见，要在科学研究领域找出一席之地来研究幸福有一定难度。尽管有心理学专家厌倦了心理学一直以来的研究重点，而对幸福这个课题产生了浓厚兴趣，但是，这样一个“民间流行的”话题在同行里招来的更多的是怀疑。关于这一点，曾任国际积极心理学协会会长的爱德华·迪纳（Edward Diener）说，他曾经为了避免向同行承认他正在研究关于活着的乐趣这个课题，不得不使用了一个更加专业而深奥的名词，“主观幸福感”（法语 bien-être subjectif，或者英语 subjective well-being）。“主观幸福感”听上去要比简单的“幸福”两个字更加专业，所以也就更加高雅！

治疗师也不会想着要去听他的病人对他说他有多幸福。在治疗中，幸福在痛苦旁边毫无立足之地。如果病人在治疗伊始诉说自己一周来总体过得不错，那么治疗师便会这么回答：“那我们接着还能讨论什么别的健康问题呢？”他不会考虑去深入探究是什么使这个病人觉得

①TDAH：注意力不足多动症；TAG：广泛性焦虑症；TOC：强迫症；DSM-IV-TR：《精神疾病诊断与统计手册》第四版修订版。

这一周过得很好。多数情况下，诉说自己健康上的良好状态意味着病人即将离开诊疗所。当病人确实感觉内心平静安详的时候，他们会离开诊所，除非是对每周一小时的治疗产生了依赖心理，或者是想花钱买个朋友。

然而，幸福可以带来收益

弗洛伊德曾经说过，“上帝的创世计划中并没有包括人类的幸福”。他的观点不仅可以使人不再相信幸福，甚至还可以使人连快乐和乐趣都不相信。而其实这几个词让我们联想到了什么？微笑的男孩、在雏菊遍地的田野里飞奔的小女孩、庙会或集市，还有色彩斑斓的巨型糖果……那么，为什么我们对此感兴趣呢？为了一个简单而又很好的理由，那就是——人们渴望过得幸福！

关于这个课题，韩国首尔延世大学心理系的徐延克（Eunkook Suh）博士和他的美国同事们曾在 42 个国家做过广泛调查。他们得出的结论是：人类活着的最终理想就是得到幸福和满足的人生。而这又是同一个问题：人们为什么对幸福感兴趣？答案是：纯粹因为幸福是个“好东西”！知道吗，幸福的人身体更健康、抵抗力更强，他们的压力会减少，而对疼痛的忍耐力却提高了？简而言之，他们活得更好，也更长寿。而且，幸福的人成功的概率更高，他们在社会上的活跃度更高，所以，相比其他人，他们对社会的贡献也更大。

反之，缺乏幸福感的人更孤僻、更容易生病，同时，对社会来说成本也更高。所以我们说，幸福是可以带来收益的！一个幸福产业新近诞生了：除了要为世人的大苦大难寻求解决方案，幸福业还很认真地关心着世界上每个普通人的微不足道的幸福生活。

| 健康并非仅仅无病无痛 |

积极心理学的任务是什么？从本质上来说，它的任务是增加我们对心理学的了解。它希望心理学——所有在这个领域辛勤工作的专家和研究者们——在关心病痛的同时，用同样的热情关心健康，而这又需要我们重新定义“健康”。

我们是否可以把健康定义为无病？换句话说，没病的人就一定是健康的？当然不是了！虽然我们也得承认，没病痛已经是个好事了，但是，没有病——没有肺炎、癌症、抑郁症等——并不就是身体健康的标志，更不能说明你是一个幸福的人。

> 史蒂夫·鲍姆嘉纳和玛丽·克罗瑟斯引证说，每年都有26%的美国人经诊断证实患有精神疾病。他们接着问：那这是否意味着还有74%的美国人的精神状态就是健康的？学者科里·季斯(Corey Keyes)回答说，答案是否定的。他们中只有17%的人确实处于安康状态，而10%的人则虽然闷闷不乐，但情况还没有严重到可以算得上是得了精神疾病的程度。由此可见，当我们用直接检验人群健康状况法和用扣除生病人数法所得到的数据去描述某个特定人群的健康状况时，得到的结果大相径庭。

然而，我们的医疗系统通常就是把健康定义为无病无痛。一般认为，一旦化疗结束、癌细胞消除，那么工作就完成了，病人也该松口气了。然后医院会定期提醒病人做检查，看看他的恢复情况，以及癌细胞再次出现的可能。病人觉得医院对他照顾周到，而对他的“健康护理”通常也就到此为止了。

事实上，健康与疾病这两者之间的差别，远比我们一眼看上去所能够想象的要复杂得多，因为它们同时栖息在我们的身体和灵魂里，两者之间不但不是相互隔绝的，反而还是彼此影响、相互作用的。

健康数轴

健康心理学家们很早以前就知道，“消极”的情绪可以致病，而“积极”的情绪有利于身心健康。消极情绪，尤其是紧张情绪，对身体造成伤害的原因之一是它会降低身体的免疫力，从而减弱我们与病魔搏斗时候的战斗力。我们很容易就能够明白，积极情绪则起着相反的作用：它们为我们的身心健康起到保障作用。

为了更好地理解这个现象，美国学者科里・季斯、亚历克斯・林利（Alex Linley）和斯蒂芬・约瑟夫（Stephen Joseph）建议用一条数轴来刻画这个理论，线的两头极端处分别表示精神处于疾病状态和健康状态（如下图）。

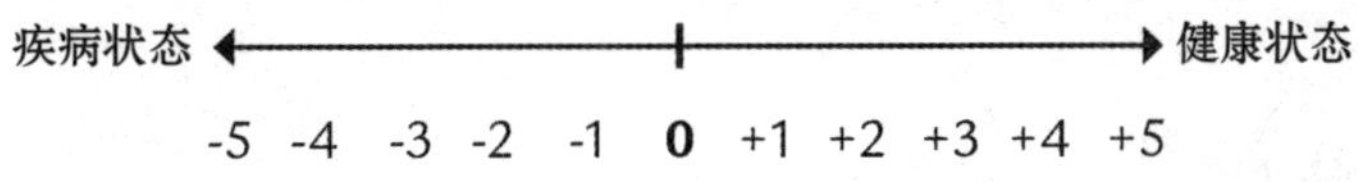

疾病状态 ←——————|——————→ 健康状态

-5 -4 -3 -2 -1 **0** +1 +2 +3 +4 +5

在两极之间不同的刻度表示不同程度的健康状态。我们每一个人都处在这条数轴上的某个位置。无论是从身体上还是从精神上来说，我们都可以是或轻或重地病着，也就是处于 0 到 –5之间；也可以是不痛不痒地健康着，也就是处于 0 到 +5 之间。某人在他一生中的某个时刻可能会有某种程度的焦虑、抑郁或者怀疑，因此，事实上不存在有些人是焦虑的，而有些人是完全没有这个毛病的。我们大家都“或多或少有些焦虑”“或多或少有点忧郁”或者“或多或少有点偏执”，等等。

请注意下面这个有趣的事实：如果疾病和健康的区别不过是所处程度不同，那么正常和不正常概念也是处于同一条数轴的两端的。它们既无明确的形态，也非某种固定的状态，因为从某种程度来说，每个人都可能或多或少地做出正常反应。事实上某种情感上的“不正常”表现——换句话说也就是精神障碍——被认为是“正常”现象的某种极端变异，因此它处于数轴的另一个极端。同时我们也别忘了，所谓的“正常”，只是由某个社会在某个时代所制定的某个标准决定的。

这个放大了的关于健康的概念本身并无新颖之处。就连“精神分裂症”（schizophrenia）这个词的发明者，瑞士精神病专家尤金·布鲁勒（Eugene Bleuler）也认同这个观点，即人类的病理状况和正常状况两者之间呈连续性。此外，他还记录了“正常人”身上出现的精神分裂症症状。布鲁勒先生的做法是有道理的。我们中谁不曾自问过：“我疯了吗？”“我正常吗？”我们都曾有过一些不合常规的想法，或多或少和地球上其他人不一样的想法。我们以为只有自己是这样，直到有一天有朋友说了他的一些隐情，这才消除了我们的疑虑，我们于是大松一口气！原来我们和“其他人”并没什么两样。

零点状态

如果我们相信这条健康数轴，那么幸福远远超过无病痛这个“零点”状态。不再痛苦既不一定，也不是自然而然地就意味着快乐。不过，这已经为我们在通往安康的道路上扫除了一个障碍。

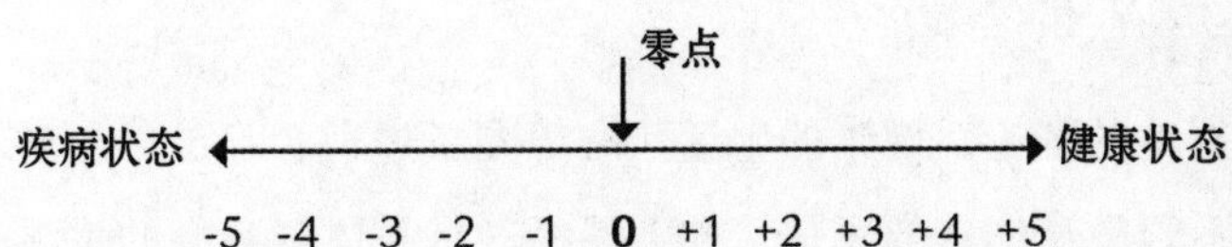

这条数轴还让我们明白了疾病状态和健康状态既可以是相互关联的，也可以是彼此完全独立的存在。一个人可以是有病的，甚至是有精神疾病，但同时也感觉生活舒适安康。反之亦然。而并不是病了就不能有健康和幸福，或者健康幸福了就意味着完全没病。

玛丽从抑郁症中康复了，但她觉得自己的生活毫无意义。她正处于连续体的正中间。朱利安得了幽闭恐惧症，当他处于一个电梯这样小而封闭的空间时，就会无法控制地感到焦虑，但除此之外，他的生活幸福安康。如果我们考虑他的病症，那么他处于数轴左端的极点2；如果从整体考虑，他却处于右极端。

从这个观点来看，要走上幸福康庄大道的人不应该满足于数轴上的零点位置，这个位置虽然说明他没有疾病，但也说明他并不幸福。同理，治疗师在他只把精力集中在精神病上的时候，可能就只是做了把病人拉回零点的这一部分工作,因此,他的工作实际上只完成了一半。

疾病的积极意义

这个广义上的健康概念和用积极眼光看待疾病的概念是一致的。从某种意义上来说，疾病是在提醒我们自己正在偏离幸福之路！关于这点，我们有必要引用一下心理学家辛尼·吉拉德用讽刺手法对这一现象的解释。

根据他的理论，健康的生活状态等同于过适合自己的生活，而疾病——不管是身体上的还是精神上的——是身体对我们的生活方式发出的抗议，它让我们知道我们过的生活是和真我的内在需求相悖的。可惜灵魂总是对身体发出的警告视若无睹，如若不然，疾病是可以对我们起到保护作用的，因为它可以帮助我们脱离不健康的生活方式。他是这么说的：

> 人生病并不仅仅是因为病菌、病毒、外伤或者焦虑、紧张，还更是因为这些人具备了让病魔一击就倒的客观条件。他们过着一种致病的生活，于是就生病了。欣克尔（Hinkle）给我们摆了事实为证：一年总有那么十来次，那些“正常”生活，也就是我们大部分人的生活，会被各种病痛打断，这些病可能是头痛、伤风、感冒、腹泻、便秘，也可能是其他更严重的疾病。人若如此频繁得病，那肯定是因为他的惯常生活有什么问题。我几乎相信那些经常生病的人正在“无私地”慢性“自杀”着。为了维持他们在生活中扮演的角色和他们的社会形象，他们正悄无声息地、一点点地摧毁着自己的身体。他们是他们自己的责任感的受害者。

从这个角度来看，疾病是让我们暂时停止前进脚步的红灯。吉拉德说，一般来说，我们生病的时候只要好好休息和适当做些改变，就足以让我们再次回到健康状态了。

乐观的缓冲效应

纵然疾病有着把人重新带回幸福之路的作用，但如果可以，最好还是避免生病。事实上，最有效的减少病痛的办法是增强健康。这有着事半功倍的效果！乐观使人快乐，并且可以对身体起到保护作用——缓冲效应。乐观是针对苦痛的特效药。

化悲剧为安康

我们就以创伤后期状况为例吧。美国西北大学教授丹·麦克亚当斯（Dan McAdams）曾经向我们证实，相比那些因为怕打扰别人而把伤害留给自己的人，那些把自己遭受的创伤说出来的人遭受创伤后遗症的可能性要小一些。但这个结论成立的前提是，他们懂得从自己遭受的可怕经历中找出因祸得福的地方。

受过重创而又能从中受益，这并不是堂吉诃德式的主观否认痛苦。简单地说，这就是当事人经历了——并非特意地——将悲剧化为安康这一过程。

> 美国得克萨斯大学心理学教授詹姆斯·彭尼贝克（James Pennebaker）曾经证实，那些经常把自己生活中不快的事写出来的人，要比那些开口不提过去的人更容易摆脱过去的阴影。因此，在经历困境以后可以试着用“叙事自疗法”来对自己进行疗癒。不过，关键还是要能够从中发现正面的收获。

因此，没有对“我从中可获得什么收益”这个问题的思考，而只是对过去的念念不忘并不能解决问题。这一点很关键，因为对事件的消极面，越诉说则越会事与愿违，因为这样反而会导致把事情的消极面在我们的想象中和生活里无限放大。

注意力是一场零和博弈

如何解释当积极战胜消极的时候会带来缓冲效应呢？从心理学角度来说，我们的身体受积极情绪和受消极情绪影响时所做出的反应是完全不同的。我们的神经系统里会有不同的活动。我们的大脑、荷尔蒙和神经传递所做的反应也是不一样的，而这些区别反过来又给我们整体的身体状况带来了不同的影响。

这个现象是在对大脑活动的观察中发现的。每一种情绪都是由不同的脑半球控制的：左半球控制的是乐观情绪，而右半球控制的则是消极情绪。我们也确实已经注意到，相比一些右脑皮层活跃的人，那些大脑左前皮层某种脑电波更多的人在日常生活中更开心，也更不容易有焦虑、害怕或羞耻的情绪。美国神经心理学家理查德·戴维森（Richard Davidson）的研究表明，相比那些被人称为“右脑型”的人，那些“左脑型”的人得抑郁症的可能性相对较小，而且，他们从负面经历中恢复过来的速度也会更快。

其实，注意力是场零和博弈。根据自主神经系统的本质，生理上是不可能同时感受到被称为“不相容”的不同情绪的。它们彼此互相抵消。就像史蒂夫·鲍姆嘉纳和玛丽·克罗瑟斯说的那样，在震惊的同时很平静、大胆地害羞或者开心地发怒都是不大可能的事。比方说，你可以很勇敢地害怕或者很紧张地放松吗？试试看！你肯定做不到的。当然，这个理论只对一部分情绪适用，并非所有情绪都是不相容的。

从这个意义上说，缓冲效应是单向的。如果我们的思想转向了那些好的方面，那么似乎我们就不大可能不感觉良好。这就好像如果我们总是专注于好的方面，那么我们就会很难维持一种“消极态度”了。

根据马修·李卡德的说法，乐观情绪是精神的解毒剂，它就像血清对毒素的抑制作用一样对消极情绪起着中和作用。这两种情绪互相敌对，它们在同一时刻无法共存。法国哲学家阿兰（Alain），原名埃米尔 - 奥古斯特·沙尔捷（Émile-Auguste Chartier），曾经说过，当你伸手助人的时候，你的手不会再同时去打人一拳。情感也是同样的道理，我们可以在不同的情绪之间摇摆不定，却不可能同时感受到它们。

消极情绪的解毒剂

每个人都可以拥有这个秘方：只要把注意力放在积极情绪上，就可以削弱消极情绪。想象一下，当你的情绪很不好，你决定看部电影换换脑子时，最好的选择是什么？是看喜剧还是看悲剧？

> 北卡罗来纳大学心理学教授芭芭拉·弗雷德里克森（Barbara Fredrickson）在她的一项研究中指出，积极情绪可以加快由消极情绪引起的心律不齐症状的恢复。她首先要求参加试验的人准备在众人面前做个口头报告。正如预料的那样，这个要求引起的一些焦虑反应使得他们心率

加快，血压升高。接着，他们要看一部或欢乐或悲惨的电影短片。相比悲剧，那些欢乐的剧情对于缓和心律和平定血压有着明显的更快更好的效果。

我们知道抑郁症会让人感觉不到生活的乐趣，看不到事物“美好的一面”。尤其是抑郁的人明显要比常人少50%的感激之情，反之，一个人心里越是充满感激也就越不容易抑郁。在这个问题上我们可以提出下面这样一个问题：假设我们要帮助一个人，要把他的注意力从不快的事情更多地转向那些愉快的事情，那么，我们是不是可以让他学会培养开发一种“正能量记忆储存的习性”？如此他是否就可以更快地恢复健康？答案是肯定的。然而，这不是那么简单的事。

这个精神健康理念要求我们在看待现实问题上做出深层次的改变。一方面，我们必须练习让我们大脑的主要部分去看事物积极的一面；另一方面，我们必须学会培养我们自身的力量，以弥补我们的脆弱。这一理念无论是对慢性病患者还是健康人士都适合。

某些科学家对因遗传而有精神分裂症倾向的青年进行研究后认为，该精神病是可以预防的。那么如何预防呢？答案是，通过帮助这些青年学会人际交往技巧，培养他们在困难面前坚韧不拔的精神。另外也有一些研究认为，教给儿童乐观的生活态度可以保护他们免受抑郁症之害。根据塞利格曼的习得性乐观理论，孩子们要学会不受失败影响，不在面对失败的时候觉得自己罪孽深重。他们应该明白，即使这次没有成功，下次还可以重新来过。

这个理论也不能太绝对，它并不意味着小孩不用学习对自己的行为负责，而只是说，如果我们能够看到事情美好的一面，那么，即使失败了，我们也会快乐。

| 想象中的现实 |

莎士比亚笔下的哈姆雷特说："世事本无好坏，全看你们怎么去想。"这句话定义了当代建构主义学派的特征，而这些特征是近十年来几乎所有新问世的科学模型中都具有的。和其他新兴科学一样，积极心理学也具有建构主义学派的特征。积极心理学对于人的看法是基于这一观点：所谓的"客观"现实是无法被人领会的，是我们的思想决定了它。但是，这并不是说客观现实不存在。我们眼前这页书自然是确确实实存在的！不过，只有通过我们的感觉器官这个过滤器，这个看得见摸得着的现实才能被感知，而这个过滤器对现实做出的曲解，足以导致我们最终得出的结论只能是主观和片面的了。既然一切都不过是个感知问题，那么，我们不管是对自我的认识还是对世界的认识，从客观上来说都不可能是真实和完整的。

用充满希冀的目光看待现实世界

根据上面这个观点，一个人是病还是健康，是由他的世界观决定的。那么，既然我们知道积极的画面可以带来正面的情绪，何不选择用充满希冀的目光看待我们的现实世界呢？

在我这个行业里，那些有经验的心理医生知道，人一般都具有从困境中站起来的天赋，他们也会懂得如何激起病人的希望。由于不断地看到那些经历过重创的人依然快乐地生活，他们最后相信每个人都是可以做到这一点的。他们有这么一种才能，可以让这类希冀的种子在他们的病人身上发芽生长。具体来讲就是他们懂得先在他人身上挑起改变事物的意愿，做到了这一点后，他们又会激起他寻找与厄运抗争的途径的意愿。这类天赋和查尔斯·施耐德的希望理论中的两个主要观点是一致的，这两点也是那些善于摆脱困境的人具有的共同特征：他们走出困境的态度坚决果断；他们为之准备了多种方案。

想象一下奇迹的发生

奇迹问句是一种治疗手段，它向我们证实了换种眼光看未来，认为未来会更美好是可以帮助人走出困境的。

比如一个得抑郁症的人。我们请他闭上眼睛想象今夜会有“奇迹”发生：第二天早上当他醒来的时候，他会好些。真的好些！然后我们请他认真地想象一下奇迹带来的这一天跟别的日子有什么不同。我们非常仔细地探究他早上会做什么。他几点起床？如何着装？早饭吃什么？和他的亲人、同事和朋友做什么？他打算怎样度过闲暇时光？对他而言什么是重要的？他脑子里想的是什么？他感觉自己的身体怎样？他是如何行动的，又采用了什么姿态？他会有些什么情绪？他会如何看自己？等等。

我们可以想象他会讲述各种无关紧要的小事。他会早起，醒来后不会赖床，而是即刻穿衣服。他会花时间吃顿丰盛的早餐。他会打电话给他的朋友，讨论或者分享一些愉快的事。他会笑得更多。他会关心自己身边的人……而由于不断地讲述这个奇迹，他会开始微笑，会感到一丝希望。我们于是邀请他为实现这神奇的一天迈出第一步。在所有这些他刚刚描述的举动中，哪个是未来几天里最容易实现的？

我们自己也可以做一下这个练习。举个例子，我们先自问一下，如果某个眼前的困难被解决了，那我们的生活会怎样。当然，这里说的不是去幻想某个无可挽救的困难奇迹般地消失了，也不是去幻想绝症不治而愈了或者已逝世的亲人复活了！选一个随着时间的推移能够解决的困难。想象一下：有天早上醒来，我们自我感觉比原来好。仔细推敲或者把这神奇的一天的每一个细节都写下来，回味一下我们身上重生的希冀。特别是，选择一个在日常生活中容易实现的行为。从今天开始，迈出我们走向“奇迹”的第一步。

日常生活中那些细微的幸福就像是雪球，它们可以越滚越大，变成巨大的幸福。向着幸福迈出的小小一步可以激励起更多的一小步，接着很多个小步、大步，直到有一天量变引起质变，我们发现自己最终变得更开心了。

语言的力量

在想象奇迹发生的练习中，我们的任务在于用想象出来的画面为烙有希望的新生活服务。精神世界同时由这些积极画面和同样也是由大脑制造的消极画面组成，区别在于前者更加讨人喜欢，而且对我们的生活更有益。

但是，即使我们眼中的现实是主观制造的，也并不意味着幸福、快乐、沮丧和痛苦不是真实存在的。我们有限的能力基于我们对事物的感知，它并不能改变既成事实，但可以改变事物对我们的影响。因此，我们的这个练习不能帮一个因为分手而沮丧的人找回爱人，却能帮他在失恋的情况下依然可以感受到生活的美妙。

也就是说，我们的世界观每天都在被各种信息影响着。在这一点上，我们要强调语言是如何强有力地影响了我们的精神世界。正如美国著名语言学家李・沃尔夫（Lee Whorf）写的那样，语言不仅仅反映了现实，更是创造了现实。日常生活中的每一天，我们都在用各种词汇述说我们的生活经历。这些词汇又反过来在我们并无意识的情况下影响了我们的生活方式。当我们说某样东西并非“如此差劲”、事情的进展并非“如此糟糕”或者天气不算“太坏”的时候，我们传递的是带着某种消极色彩的态度。

因此，语言有着超乎我们想象的力量。举个例子，沮丧的时候，我们会在内心自言自语说些泄气的话。美国诗人和哲学家爱默生说过，“一个人完全系于他终日所思”。这样的内心独白无时不在，以至于我们看不到自己所拥有的。毫无意识的，我们对自己说“我真是没用”“没人喜欢我”，然后我们的为人处世便也随了这样的调调。

试着做出改变

波兰裔美国哲学家、科学家阿尔弗雷德・科日布斯基（Alfred Korzybski）曾经写道：措辞上的细微差别可以带来完全不一样的结果。我们可以试着做些练习，把我们的常用词汇变得听上去更让人愉快。还可以按我们所希望的样子来建设我们的世界。收到礼物时，请回答“你真是太好了”而不是“其实没必要的”。当有朋友请我们喝茶时，选择回答“好的，谢谢！”而不是“为什么不呢”。当有亲友感谢我们对他的帮助时，请回答“能够帮助你我很开心！”而不是“这没什么”。

试着用“运气还没来呢”这样的话来代替“不可能这么幸运的”，或者用“有时候很差劲”来代替“总是这么差劲”。试着用带着希冀的眼光看待事物，让人认为改变是完全有可能的。与其责怪一个朋友“情感依赖症”，不如试试这样看他：“容易依赖那些对他来说重要的人，而不容易离开他们”。与其抱怨某个情况给我们带来“不便”，不如试试去想它可能会带来的“新事物”。这样的改变并不容易，但只要多练习，我们还是能够做到的。

我们还可以在这些练习中加上个人色彩。某个热爱厨艺的人可以加些描述美味的词汇：“多么可口的想法啊！”“多么精美的故事啊！”某人热爱运动，他可以加些运动词汇在他的评价里：“打得漂亮，儿子！”“你我合作一定可以打场很完美的比赛！”我们可以无穷无尽地自由发挥。紧接着，我们可以观察一下这样的改变对我们自己和他人所产生的效果。很有可能这些措辞让我们比以前更开心了，而且它们还具有传染性。

同时，我也鼓励大家使用“心灵的语言”，因为它们是我们内在世界的窗口。对我们所爱的人来说，分享“心灵的语言”是我们能够给予的最珍贵的礼物之一。而且身体也是会说话的。当我们被同情心所感动，当我们被别人的勇气所震撼，我们的心会暖和，我们的喉咙会哽咽，我们会突然颤抖，眼里会饱含泪水。杰弗里·科特勒（Jeffrey Kottler）在他《听眼泪说话》（*The Language of Tears*）一书中说：眼泪是我们内心情感最真切的证明，不要无谓地把它们隐藏起来。

第 4 章

如何知道自己是否幸福？

幸福就好像爱情，当我们在自己的幸福问题上支吾其词，很可能就是因为我们并不幸福！

要知道自己是否幸福其实不难。问一下自己下面这个问题就可以了：我幸福吗？这里，科学观点和个人常识一致：科学家认为，如果有人说自己是幸福的，那他确实就是幸福的了，前提条件是他们回答问题的时候是坦诚且发自内心的。

爱德华·迪纳和他的儿子罗伯特·比斯瓦斯·迪纳这两位美国心理学家和积极心理学家认为，有关幸福的科学是对每个人都适用的。根据他们的理论，我们只要用“是”或者“否”来回答 5 个基本问题，就可以知道我们是不是幸福了。如果我们多次回答了“是”，那么我们有可能是真正幸福的。一两个“是”说明我们已经在走向幸福的道路上，并且也知道应该怎么做才能得到幸福。准备好来评估自己的幸福程度了吗？好了，请诚实地回答以下问题：

1. 总体来讲，我的生活和我的理想一致吗？

2. 我的生活条件良好吗？

3. 我对生活满意吗?

4. 目前为止，我是否已经得到了那些我最想要的东西?

5. 如果能够再活一次，我还是会走同样的或者类似的道路吗?

通过如此简单的问题就可以评估我们的幸福，甚至有些过于简单了！而科学家们都是出了名的不太喜欢采用过于简单的方法的。有些科学家认为太简单的是无效的。多疑的——或者说爱追根究底的，读者可根据个人喜好用不同的形容词——科学家，哪怕他们是错的，也喜欢用一些复杂的方法来衡量一切。而幸福也不免要走这个小小的弯路!

判断我们是否幸福的科学方法

众多的参考著作都在讲述积极心理学方法的广泛性和多样性，专家们在这些书里讲解了很多方法，用以发现并更新一个人身上不同的正面能量。或许这些深奥的书籍能够证明积极心理学是一门经科学论证有效的学科，但是，肯定没有人会把它们当床头书籍来推荐，除非这个读者是失眠症患者。

我们可以找到大量有效的心理测试工具和问卷，用来全方位测试人类的正面经历。这些测试五花八门，几乎什么风格的都有！随便举几个例子：有测我们是否感觉安康的，有测我们的情商是否高于平均值的，也有测我们对工作是否满意的。还有可以帮我们找出自己身上主要优势的，测我们心怀感激的能力的，测我们是比较稳重还是比较荒唐的，或者我们对未来的看法是否乐观，等等。更有甚者,可以让我们知道自己在遭受重创以后是否能够激发心理弹性，或者我们是否适合过夫妻生活，又或者我们的幽默感或严肃表情是否会让朋友发笑或觉得紧张。

一般来说心理学领域常用的办法是定量法。这类方法的测试多数由多道选择题组成，它们可以帮助我测试自己，比方说，是非常幸福，还是一般的幸福，或者略微不幸，抑或非常不幸，等等。

问题相对来说比较容易理解。它们一般是这个样子的："最近几日，你自我感觉很满足、满足、一般、还是不满足？"另外，也有些方法建议我们在几个脸部表情头像中选择跟我们的状态最接近的。如此，你现在该是下面哪张脸呢？

紧接着你得回答一些关于你的年纪、平均收入、地位、职业等问题，然后你把自己得到的分数计算出来，就可以评估你的幸福程度、安康程度或情商水平，等等。

科学家在某些高深研究中使用这些问卷，对大量的可变参数进行比较，比如正面情绪和健康之间的关系，一个国家的气候状况和当地居民的幸福指数之间的联系，不同年龄的人对生活满意度的区别，等等，这类研究都可以使用该类问卷作为分析依据。还有一些研究者用这个方法解答诸如"幸福是遗传的吗？""利他主义可以带来幸福吗？""年轻人和老人，究竟谁更幸福？"之类的问题。

要当心统计数据

令人难以置信的是，这些定量分析研究和统计数据就像墙头草，几乎可以被任何科学研究根据结果需要使用。当然，我是有些夸张了。但是，除非是无可非议的事实，否则，凭着这些数据可以推导出的结果真的是五花八门！那些资深研究员很明白这一点——完全就像外人猜测的那样——他们的精明再加点技巧，要点手腕，就可以使统计结果为他们所需要的结果说话了。

所以说，研究者是根据他们的需要选择和利用统计数据的。如果一个研究者要借助定量法来宣布X理论有效，多试几次他就能办到了。

> 当某项关于男性阳痿的研究得出结论说，30%的男性有勃起困难，某研究员宣布说："这很可悲！"而在面对70%的男人没有问题这个结论时，另外一个研究员会说："其实结果不算太坏！"如果我们进行一项坏天气对自杀的影响的研究，结果是30%的人因为坏天气而自杀，那这个比例是十分可观的。反之，如果我们希望证明的是天气因素无关紧要，我们便会说既然70%的人是因为其他原因而自杀的，那么还有30%的人因为坏天气而自杀这个数据就显得无足轻重了。

由此可见，那些介于30%到70%之间的统计数据是最灵活的，它们甚至可以说是很"讨巧"的数据，因为它们所起的作用可以根据科学家的动机而轻易地随机应变。因此，统计结果只需有一点点起码的差异，就足以让研究者宣布两个变量之间有着显著的差异。当我们近距离地观察这一切，我们就变成怀疑论者了。一项新的科学发现可能令人目瞪口呆，但是，如果我们再等几个月，接下来得到的结果可能就是与之矛盾的，或者至少是有差别的了。

积极心理学也逃不过这些。为了成为一门“科学”，它必须做一些论证。它利用统计资料来衡量幸福和众多相关变量（健康、年龄、收入等）之间的关系。可是，幸福真的可计算吗？是不是只要统计数据显示对于“你幸福吗？”这个问题答案为肯定的人占多数，就可以得出结论“广大人民群众是幸福的”？本书参考了大量尚需慎重考虑的统计数据，比如，属于常识范围的现象就有可能被我们忽视了。请仔细观察下面这个代表帕特里克和简的安康状态的图示。

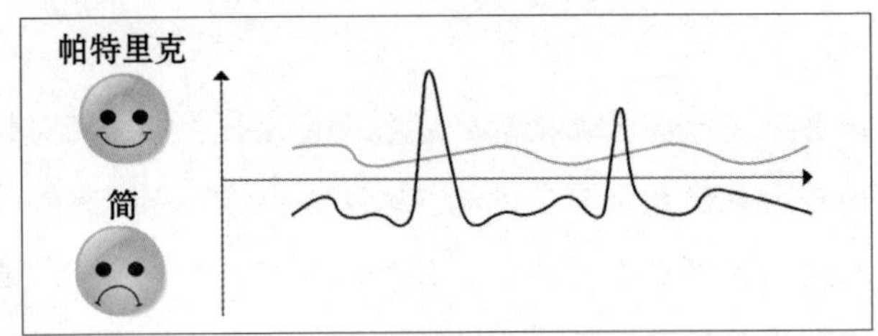

帕特里克的安康状态比较稳定，而简则除了偶尔会欣喜异常外，长期处于苦闷状态。那么大家认为他们两个中谁比较幸福呢？大家都会说是帕特里克。这是对的。常识认为前者更幸福，然而科学家却可能会通过计算得出结论说，简得到的平均安康指数比较高，所以简比较快乐。平均值在这里显然是做了错误引导，掩盖了简的长期抑郁。

统计表以正常曲线和平均曲线来运作。它们不够细致，也无法体现出个人区别。更何况，正如意大利精神病专家鲁伊尼·法瓦（Ruini Fava）说的，每个人都是真实且又独一无二的，罕有和研究中的典型例子相似的。

如果研究有时候会杜撰，那我们该如何去了解人们的幸福状况呢？最有教益也最可靠的方法是倾听他们的声音，观察他们的日常生活，并留心什么令他们开心，又是什么使他们与幸福失之交臂。

| 面对面沟通 |

和那些人类行为学中的最严肃的研究一样，积极心理学使用的也是非常严谨的研究方法。但是，正如我们刚刚看到的那样，这类严谨并不是真理的保证。当结果和常识疏离，我们便有理由对此持怀疑态度。这样的误差是被科学界包容的，但它们最终却可能会让我们变得无动于衷。

然而，积极心理学面临的问题之一便是，它所研究的理念是难以观察的。这些理念包括姿态、价值观和素质。因此，为了考察这些对象，它别无选择，只能把研究转向那些健康幸福的人，以便更好地理解他们的现实状况。这些人的话肯定是最权威的。想知道一个人是不是幸福，唯一的办法便是直接问他。

相反，表象有时候会导致错误。如果我们问一个认识的人他最近怎样，然后他回答："挺好的，谢谢！"我们可以据此认为他确实过得挺好吗？当然不能。然而，即使语言会骗人，身体却不会。一般来说，身体是一个人真实感觉的忠实反映。

杜尼式笑容

我们可以通过直接观察人面部表情的办法来避免我们所说的"社会赞许性"偏差。社会赞许性行为是指一个人为了得到社会赞许而故意多做或少做什么事。科研工作者懂得区别强颜欢笑和发自内心的笑——又叫杜尼式笑容（Duchenne smile）。杜尼式笑容这个词来源于法国的杜尼医生（Guillaume Duchenne），他于19世纪第一次将发自内心的、真正的、充满喜悦的笑容和其他笑容区分开来。当时杜尼医生正在研究面部表情生理学，他注意到到人很明显有两种不同的笑，其中一种要比另一种更真实。

当一个人真正笑的时候，我们可以注意到他颧肌收缩并带动嘴角，同时他眼轮匝肌也会收缩，使脸部肌肉紧缩，形成鱼尾纹。当一个人露出“非杜尼式笑容”的时候，只有颧肌会收缩，所以他只是用嘴在笑，而他的脸颊和双眼露不出开心的表情。

> 我们认为杜尼式笑容代表的是一种真实的发自内心的快乐，因为大部分人无法用意愿控制眼轮匝肌的收缩。美国加利福尼亚大学伯克利分校研究者李安·哈克（LeeAnn Harker）和达契尔·克特纳（Dacher Keltner）的研究证明，那些嘴角带着杜尼式笑容的人在生活上更容易得到满足，并且总体上也会觉得更幸福。在他们的一生中，他们遇到的生理和心理问题也比较少。

可见，在某种程度上，人的面部表情可以泄漏很多有关人的内心情感的信息。但是，也有例外，因为有些人学会了如何用肢体语言巧妙地掩盖他们的情感。另外，我们注意到，儿童在很小的年纪就懂得掩饰他们那些无害的小谎言，其演技简直可与好莱坞演员相媲美！

第5章 正面情绪

在美国，积极心理学的标志为一个黄色的笑脸头像，同时使用这个标志的还有沃尔玛连锁超市。虽然笑脸先生表达欢喜的表情稍微有点傻，但这张完全满足、愉快且又安心的面孔成了情绪乐观之人的象征。

我们知道，是负面情绪的存在使我们得以幸存了下来。害怕使我们能够避免危险，比如野营时撞到一只在距离营地几米处散步的熊。那么，幸亏我们的机体做了最应该做的事——话说这是一种动物本能——也就是一动不动地装“死”，有时候还得在毫无安全感的情况下装好几分钟。

由此，我们知道害怕或者愤怒都有发出信号的作用，让我们得以生存。然而，在《积极情绪的力量》（*Positivity*）一书的作者芭芭拉·弗雷德里克森之前，很少有人对快乐、充实、安康这些情绪的存在感兴趣。幸福又起到了什么作用呢？

乐观与幸福的关系

一般来说，我们认为正面情绪就是简单的一次正面经历的结果。如果说它们有什么“用处”的话，也不过就是告诉我们目前正处于一种“好的状态”。它们被认为是一种事后的情绪，因此，对我们的安康起着可有可无的作用。

然而，芭芭拉·弗雷德里克森认为，正面情绪不仅仅是对良好状态的一种折射，它们反过来对这种良好的运作状态起到了促进和保持作用。它们同时处于正面经历的前方和后方，也就是说，它们可以是正面经历的源泉，也可以是其结果。那么它们是怎么起作用的呢？我们前面已经说过了，正面情绪有减少负面情绪的作用。它们有一种“抵消作用”（undo effect），并令正面状态“重新运行”的本事。家长们在小孩膝盖摔破了皮的时候在伤口上轻轻吻一下，或开些玩笑分散小孩的注意力，其实就是不自觉地应用了正面情绪的这个“抵消作用”。

芭芭拉·弗雷德里克森还认为，正面情绪的效果不仅是即时的，还是长期的。根据她的理论，今天的快乐也能促进明天的幸福。

这位美国女心理学家的理论让我们想起美国北部食品工业中的一句话：“越喜欢就吃得越多，吃得越多就越喜欢。”Hygrade公司的这个香肠广告的营销广告词之后被用在了各种香肠上。这个口号放在正面情绪上也可以这么理解：“越乐观，便越喜欢活着，越喜欢活着，便活得越好！”

芭芭拉·弗雷德里克森建议我们做下面这个练习来理

解她的理论。她说，在考试、比赛或者面试前，试着回忆一些快乐的事情。就回忆一分钟，因为只要一分钟就足以令你更好地发挥了！

这位美国心理学家在《积极情绪的力量》一书里介绍了她的扩展与建构理论（broaden-and-build），broaden 意为“拓展”，而 build 意为“建设”。积极情绪把我们推向了时刻为未来的新机会做好了准备的状态。它们拓展了我们的眼界，而新的机会反过来又促进了个人能力的发展，并且，有助于建设我们的人格。

芭芭拉·弗雷德里克森曾经做过这样一个研究，她让参加研究的人分别看了不同的带有快乐、恐惧或灾难色彩的电影。接着，她要求参加者们看完片子以后立刻列出他们想做的所有事情 。结论非常有说服力！相比那些看了恐怖片或灾难片的人的清单，所有那些看了喜剧片的人的清单不约而同地更长。

还是这位心理学家，她认为我们是可以通过练习来增强我们的积极情绪的。这就好比是一种良性循环：当我们带着积极情绪生活时，积极情绪改善了生活质量，并带来了更多的积极情绪，呈螺旋状上升和扩大之势。与之相反的是负面螺旋，在负面螺旋里我们经历一些消极的情绪，而这些消极情绪又带来了消极思想，而消极思想接着又带来了别的消极情绪，最后我们在这个恶性漩涡里越陷越深。

负面情绪使我们把注意力集中在少数的可能性上，从而导致我们面临的选择越来越狭隘。一个很好的证据便是，处于危险状态时，我们脑子里想的就只有脱离危险的紧急措施。从生理角度来说，我们的大脑对负面情绪反应迅速。我们不会花时间去思考对比，而是直接冲着目标行动。在遇到危险的时候，这自然是最好的选择。

而与正面情绪对应的则是一个比较慢的、综合考虑多方面因素的反应过程。和其他积极情绪一样，快乐是一种让人想要好好享受现在的情绪。当我们想要娱乐的时候总是希望时光无极限。一个孩子玩着吸引人的游戏时就是这种心态，只是很可惜，他得上床睡觉了。所以，娱乐无极限直到……直到所有可以继续娱乐的借口都用完了！

向上型螺旋

积极情绪可以减少消极情绪，甚至阻止它们的出现。而且，它们可以改善我们的注意力和思考能力。这一点对儿童来说很重要。把作业变成游戏，孩子就能学得更好。在任务中加些乐趣是个很有效的教育策略。一般来说，通过这样做，积极情绪可以对心理弹性的培养添砖加瓦：它们增强了我们的个人毅力，并且开启了我们身体里通往安康的向上螺线。

另一方面，美国康奈尔大学教授及研究员爱丽丝·艾森（Alice Isen）的研究证实：小小报酬带来的快乐便可以令人更仁慈、更富有同情心。两者之间有因果关系。在心理学语言中，因果关系就是前者引发了后者——在这种情况下，就是开心引发了仁慈和同情心。

在爱丽丝·艾森所做的研究中，其中有一项是她故意在一个公用电话亭里落下一点零钱，以此来观察人们的态度。不远处，她这项研究的助理——一位上了年纪的女士——不小心掉了些文件。爱丽丝·艾森注意到，尽管钱的数目很少，但相比那些没有捡到钱的人，那些捡到了钱的人更愿意帮助这位年老的女士。

这项研究得出的结论是快乐让人产生帮助人的愿望，而帮助人又给人带来快乐，以此类推。这也再一次说明快乐是个向上型螺旋。

还有一项研究项目证明了积极情绪能够增强精神力量，这个项目由爱丽丝·艾森和她在亨利·福特医院的两位同事卡洛斯·埃斯特拉达（Carlos Estrada）和马克·杨（Mark Young）主持。为了证明用很简单的方法就能激活脑力加速器，研究者们邀请了一些医生做诊断。这些医生被分为三组，每组在开始做诊断之前都要遵守不同的条件。第一组收到一个甜点，第二组则要读一篇关于医学的文章，第三组则是对照实验组，也就是说他们不需要做任何特殊的事。结果是，那些收到糖果的医生在执行任务的时候明显比另外两组更有创造性，也更有效率。

正能量的自我倍增

由上文可见，一个人的情绪越是积极，他便越有创造力和效率。不仅如此，他还会对自己更有信心。而且，你猜怎么着？他还会更富有。请读下面这段文字。

爱德华·迪纳和马丁·塞利格曼曾证明那些读书期间

最快乐的学生工作以后要比别的学生更富有：20年后，他们每年要比那些不苟言笑的同学多赚2500美金。这点差别看起来似乎是可以忽略不计的——至少对一个临床心理治疗师的薪水而言，这个数目的确是微不足道的——但是，这些开朗的学生同时也是最有能力为问题寻找解决办法的人，他们在工作中的表现更好，也更讨同事和上级喜欢。所以，他们得到更多的收益、升职和加薪机会都是情理中事。

其实，不论年轻还是年老，也不论贫穷还是富有，积极情绪都能为我们的幸福增色添彩。也就是说，因为积极情绪具有可以不断自动倍增的特点，所以，我们对它的培养就会很有益。最终，这些积极情绪可能会改变我们的整个生活。

备受关注的幸福学

塞利格曼说，加缪觉得哲学家要回答的最重要的问题之一是：人类的存在如此荒谬，生活如此凄凉痛苦，可是为什么人却不急着自杀？这位法国哲学家无疑是带着犬儒主义的观点去看日常幸福的。如果他还活着，他就会知道他的问题有了新的答案。

确实，人生总会有不快的时候，而且很可能我们与生俱来的基因里就含有负面因素，但人类似乎还是选择了追求美好的人生，而不是沉浸在总想自行了断的阴暗生活里。同样，加缪肯定不乐意听到这一点：大部分人——包括各种肤色、各类阶层的人——都觉得自己是开心满足的。

幸福无疑是积极心理学中记录最多的情感。科学家和各行各业的人都在研究幸福这门学科。兢兢业业的教育家、受人尊重的政治家、规划未来的经济学家、心理学家和社会学家都把幸福当成他们研究范畴中的第一课题。

幸福到底是什么?

我们对幸福到底有什么认识?我们已经知道它是一个多面性的概念,复杂,有时候甚至模棱两可。荷兰社会心理学家路德·魏荷文(Ruut Veenhoven)善意地自嘲说,他得了一种叫作“慢性概念混淆症”的病。他所搜集的关于这个课题的作品的数目之多足以证明我们对幸福这个概念的分歧有多大,尽管主题本身是件多么令人开心的事。

幸福到底是什么?一般来说,它可以用正面感觉来表达,比如“我感觉挺好”,指的是情绪和身体的关系。它也可以用正面情绪来表达,比如“我感到满足”,这更多指的是情绪和精神的关系。在实际生活中,这些区别就不是那么清楚了。理论上我们可以区分感觉(生理状态)、情绪(机体情感状态)和感情(精神情感状态),但在现实中,给这些不同的客观存在明显地划分界限是不可能的。比方我们爱的时候,我们感受到的情感是总体性且呈扩散状的。

因此,当我们说“我很开心”的时候,我们的心(情绪面)、我们的大脑(理性面)和我们的身体(生理面)同时发生了一些难以察觉的变化。我们从情感的角度(我们感觉到了快乐)感受到这个存在,我们赋予这样的感觉一种含义(我们对自己说我们很开心),同时我们的身体会激动(我们感觉到腿上有麻木感,我们需要开心地动起来或者跳起来）。而所有这一切只发生在转瞬即逝的瞬间。

我们知道，幸福不是一个统计数据现象，它不可能在有些人身上“好好地”存在而从不光顾另外一些人。我们看到那些快乐的人也有情绪低落的时候，正如那些不幸的人同样也有情绪高涨的时候。从这个意义上来说，幸福不是一种财产，它不是一个你或者拥有或者没有的物品。

> 该书把人分为幸福的和不幸的，但这种区分是完全纯理论的。我们不能像在路上碰到一个中国人或塞内加尔人那样碰到一个“幸福的人”。幸福肯定是个混合物，即多种或多或少愉快情感的“集合”。有些人相对另外一些人更频繁也更强烈地感受到那些令人愉快的情感，就是这么简单。

正如我上文提到的那样，幸福从本质上来说是主观的。它是一种很内在很私人的体验，所以，任何人如果想要和他人分享幸福的感觉，就会面临很多具体困难。语言是不足以表达的。它们显得微不足道，也帮不上什么大忙。如何描述度假的幸福？用长长松一口气来表达！一个孩子如何表达他被抚摸时候的快乐，是不是要咿咿呀呀一番？幸福不可言喻，而试着用语言表达幸福最终常常会徒劳无功。

幸福是各种相互关联的因素的集合，它对我们情操的陶冶就好比是蜘蛛网的结成——需要小时复小时、日夜复日夜的工作。世界上有多少人就有多少种幸福，就还有多少种分享这样的特殊时刻的方式。但一般来说，幸福是会流露出来的。幸福，它是可见的！面部表情有它自己的语言，它从不撒谎。然而它也并不一定就永远直达人的内心情感世界，因为大家都知道，有时候我们分明是失望了，却还会露个大大的笑脸来欺骗周围的人。

幸福看不见摸不着，它不像精密科学中的下降速度或化学反应那样可以观察，它是我们的存在的各方面的总结。因此，它是一种综合状态，只可意会不可言传。似乎感受幸福——能够感受幸福自然是幸运的——要比懂得幸福容易。尽管如此，在下面几章里，我还是要尝试着从各个角度将幸福展现在大家面前，以求能够帮助大家更好地生活。

第6章 幸福的生理学原理

大脑对消极面的侧重是有关情绪研究的最重要的发现之一。也就是说，不幸的存在是有其生理基础的。这项发现至关重要，因为它揭示了人类把注意力转向消极事物的原因和过程。那么了解这个有什么用呢？这个发现让我们从此知晓了荷尔蒙和认知行为是恐慌和愤怒等情绪的原因。那么，既然人类懂得把注意力集中在负面事物上，那么很有可能我们也可以举一反三学着把注意力转向正面。幸福生物学即将为我们揭示怎样把注意力转向那些正面的、可以让我们更幸福的事物。

在把聚光灯转向“制造幸福”的分子之前，我们先来看一下与不幸有关的大脑活动。

我们的祖先和我们的灾难型大脑

不幸的生理存在基础早在我们远祖的基因里就已经有了，这个生理结构帮助他们在艰难的自然条件下比别的物种更好地幸存了下来。

正如我们前文讲到的那样，猎人和渔夫对周围环境中的威胁无比警觉，反应无比灵敏。为此，他们总是做着最坏的打算，随时准备投入战斗。可以想象，我们那些得以幸存下来的祖先的基因里有着更多的一些元素，这些元素是求生所需的，用以发现危险，使得他们总是能够从死亡的威胁中生存下来。

> 有关大脑运作的研究显示，当人们看着海豚在水里快乐地游泳或欣赏美丽的自然风景这类令人心旷神怡的画面时，大脑前脑某部分会比较活跃。相反，当眼前的画面为浑身沾满了油污的鸟或毁了容的士兵这样令人不舒服的景象时，大脑开始活跃的便是其更加原始的部位。这个观察结果证实了大脑用来定位环境中消极因素的潜能在人类进化的早期阶段就已经形成了。

因此，我们推测，大脑的构造方式遵循这样一个条件：它能够预感威胁，从而可以确保我们物种的生存和延续。同样的，我们还认为，包括人类在内的所有动物，对事物做出的消极反应总是更快、更强，也更容易被记住；如此，这类反应在我们身上留下的烙印就更深刻。同时，相对积极的反应，这类情绪也是更加不容易克制的。

塞利格曼提出了我们的大脑是灾难型大脑的大胆假设。而问题的关键，在于如今野兽已经不在我们附近徘徊出没了，因此，我们对危险的警觉性相对其真实存在来说是远远太高了。尽管基于恐惧的认知过程的确成就了我们这个物种的生存发展，但如今它跟我们的现代生活却已经不再相符了。

负责产生情绪的扁桃核

你以为只有你自己一个人在房间里，然后你突然听到背后有人声，你就会觉得非常害怕。美国弗吉尼亚大学心理学教授，《象与骑象人：幸福的假设》（*The Happiness Hypothesis*）一书的作者乔纳森·海特（Jonathan Haidt）解释说，这种快速而强烈的反应来自于扁桃核。这里的扁桃核说的并不是喉咙位置那个发炎时能导致令人痛苦的扁桃体炎的器官，而是大脑中一群呈杏仁状的神经元——所以扁桃核又叫杏仁核，它位于颞叶内，海马体前方，是大脑边缘系统的一部分。扁桃核负责产生情绪，尤其是恐惧和攻击性情绪。

扁桃核只需要十分之一秒的时间就可以明白发生了什么事，并做出相应的反应。然而，海特说，大脑中并不存在类似“积极警报”的对应系统。说个事实好让大家有个概念：据估计，人需要一至两秒钟才能意识到饭菜的美味或某个人的吸引人之处！

负性偏向

这类无意识反应又名负性偏向原则，是大脑对于某些引起害怕情绪的情况的自动反应。普林斯顿大学教授、诺贝尔经济学奖得主丹尼尔·卡内曼（Daniel Kahneman）和斯坦福大学教授阿摩司·特沃斯基（Amos Tversky）在金融交易和赌博中注意到负性偏向的例子：赢钱的乐趣看上去远远没有输同样多钱的痛苦来得强烈。同理，我们都知道我们对大病的敏感总是大于健康。

另外还有很多例子都向我们展示了消极是如何深深渗透到人类的灵魂里的。相比成功，我们总是更容易记住别人的失败，有时候对我们自己的也是！保罗·罗津（Paul Rozin）和爱德华·罗斯曼（Edward Roysman）两位专家说，从社会角度来看，人的名声只要做错一次就毁了；人犯一次罪就需要用25个英雄事迹来弥补！负面事件在人精神上留下的烙印是很难消除的。

那么这在我们大脑里又是怎么回事呢？约瑟夫·雷杜克斯（Joseph LeDoux）在其《脑中有情》（*The Emotional Brain: The Mysterious Underpinnings of Emotional Life*）一书中解释说，我们拥有两种情绪记忆力。第一种记忆力按照直接从扁桃核收集信息的路线。这是一种快速反应系统，它走的路线叫“低路”（“low road”），该路线不由意识控制。扁桃核使我们能够迅速反应，比如受到侵犯时，在大脑其他部位还没来得及做出反应的时候就让我们用脚踹他；第二种类型的记忆是由脑部海马体和新大脑皮层处理的，它遵循由意识控制的“高路”（“high road”）。其结果是它没有第一种方式那么快。

关于这个问题，查尔斯·施耐德和肖恩·洛佩兹补充道：大脑对害怕之类的负面情绪的处理方式更加完善。大脑用以处理负面情绪的线路不同于处理正面情绪信息的线路，处理负面情绪的线路要更多一些，而且它们都不在人的意识范围内；因此，对于令人害怕的经历，我们不需要重复试验以确认大脑是否会做出正确的反应；而对正面情绪——比如希望——的信息处理则需要意识认知的过程，这个意识认知过程随着我们人生阅历的丰富而增长。

鞋里的小石子

美国心理学家罗伊·鲍迈斯特（Roy Baumeister）和他的同事们在一篇文章中阐述了“坏的要比好的更强大”这一论点。这是个众所周知的规律；它讲的是一种罕有例外的普遍倾向。这些生物学上的现象是否就能解释我们对消极事物的注意和对开心事件的忽视？答案似乎是肯定的。

当生活一帆风顺，没有小磨小难，人生就好像装了“自动驾驶仪”一般无忧无虑地行驶着。事实上，一般来说，生活就是按照它自己的轨道运行着的，好事或者不好不坏的事无处不在，而意外事件的突然发生则与“正常的积极运行”形成了对比。

> 在乡间散步的时候，我们处于“正常的积极运行”状态，而某个突发小意外会令我们回到完全警觉状态。这样的小意外可以简单到不过是鞋里进了小石子，打断了我们的散步步伐。这个小石子告诉我们有些不愉快的事正在发生，我们必须对手头所做的事做出改变——把鞋里的小石子拿出来——才能结束这样的不舒服。

相反，快乐——六种基本情绪中唯一正面的一种——或者说幸福的感觉，只是简单地告诉我们“一切正常”。为了继续保持这种状态，我们不需要做出任何改变。因此，相对而言，那些给我们带来积极情绪的事件是不引人注意的，因为它们不需要我们对习惯做出任何改变。但是，无论如何，这些情绪也是完全真实存在的。

好事以量取胜

除非特殊情况，否则，我们在日报首页看到的是什么？坏消息！无休止的战争对士兵带来考验、森林发生火灾、工厂造成环境污染、某小学发生杀人事件、醉驾司机撞死了行人……电视新闻里播放的也无非是类似的新闻。但是这类负面信息并不能真正地代表“每日新闻”，因为日常生活中其实总是好事多过悲剧的。简而言之，如果说坏事要比好事强大，那么，好事的出现频率则比坏事高。

美国学者雪莉·盖博（Shelly Gable）和乔纳森·海特认为，既然好事要比坏事频繁，那么它就有机会以量取胜。在典型的一周里，正面的事件和情绪从数量上超过了那些负面的。事实上，我们可以认为前者要比后者多3倍，更不要忘了每天还有大量不好不坏的中性事件发生。

尽管单个积极事件影响甚微，但靠着长期积累，它们还是有可能以数量取胜，产生比消极事件更为重要的影响。

为了证实积极事件带来的长远影响，美国加利福尼亚大学伯克利分校的两位学者李安·哈克和达契尔·克特纳系统地整理了一些高中生的年鉴相簿，专门研究相册中这些年轻人的面部表情。他们最后发现，这些人30年以后的安康程度和他们当年的积极情绪表情有着明显关联。根据这项研究，16岁时候爱笑的女孩成年后会比别人更快乐。这个推测表明幸福是个正比例算术题：我们现在越开心就意味着将来开心的机会也越大。

你的比例正确吗?

根据“约翰·葛特蒙（John Gottman）比例”，夫妻若想持久，两者关系中积极成分就必须大于消极成分，确切地说，两者比例要大于5∶1。赞美至少五次才能够抱怨一次！也就是说，做妻子的每天要说至少五句好话才能埋怨一次；做丈夫的每天要时不时说些“我爱你”“你真美”之类的话来弥补他的一句“我不喜欢你妈妈！”若非如此，夫妻关系便有破裂的可能。美国心理学家约翰·葛特蒙在和一对夫妻交流几分钟之后便可以预言他们是否会离婚，其准确度为90%。观察一下我们的亲戚、朋友……还有我们自己的夫妻关系，然后我们也可以来做做预言看!

在那些经受住了岁月考验的幸福夫妻中，一般来说，他们之间互诉衷肠的时候要比互相埋怨的时候多很多，这是很基本的。因此，为了让一段关系的质量和时间都有所提高，不仅要减少吵架的次数，还要让两人的快乐时光和耳边的甜言蜜语都成倍增长。

在夫妻关系上应验的在个人身上同样有效。芭芭拉·弗雷德里克森认为,当一个人得到的积极评价和消极评价之间的比例大于三倍的时候，积极的上升螺旋便开始工作了。大于等于这个比例，人是开心的，而小于这个比例,人便日趋萎靡凋谢了。这个比例是幸福和不幸之间的分水岭。

| 多巴胺: 安康荷尔蒙 |

积极情绪比例告诉我们,心灵和灵魂是多么需要美好事物的滋养。现在轮到我们讲身体了：它会生产一种情感食粮——多巴胺，安康必需的一种神经冲动传送媒介。这其实一点也不神秘，幸福生物学本就存在。

研究发现，多巴胺有可能是让我们觉得身心安康的主要原因。该荷尔蒙对某些维持血液循环的机能起到刺激作用，它由我们的身体自然分泌，并且，可带来一种快乐的兴奋状态。

动物也会分泌多巴胺，当它们做一些对他们的物种生存进化有益的事时，身体就会分泌出多巴胺。所以，当它们进食或者交配的时候，大脑就会释放这种荷尔蒙，使其在血液里循环，因此动物就会感觉快乐。多巴胺就好比是刺激动物让它重复进行这些行为的强化剂。

人类这种“高级动物”在享受美食或者做爱的时候同样会分泌这种荷尔蒙，与动物不同的是，他们在别的非肉欲条件下，比如在娱乐、休闲、听音乐、欣赏夕阳景色、升职、看望朋友或者找到合适的另一半的时候，也会产生多巴胺。

运动让身体分泌快乐荷尔蒙

仔细研究就能发现，身体似乎为了让我们快乐而生产了一切必需的物质。如果说食物和性让我们有机会看到了这类荷尔蒙的分泌，那体育锻炼则是这方面的冠军了。

我从青少年时候开始锻炼身体，到了50岁的时候，我锻炼成瘾了。如果有一天早上我无法做些体育运动，那我一天都会觉得很紧张。我都做哪些锻炼呢？跑30分钟的步，然后做几个仰卧起坐和一些轻松的肌肉锻炼。下班时间和周末，我还会做些运动和进行些户外活动来保持身体健康。毫不夸张地说，锻炼使我觉得开心。长时间不锻炼我就会感觉自己跟病了似的：头痛、肌肉酸痛、乏力……

人在进行体育锻炼的时候会分泌几种不同的荷尔蒙，其中有我刚刚说到的多巴胺，另外还有五羟色胺。运动员对五羟色胺的兴奋作用很熟悉。那么这种物质又是怎么在我们体内产生的呢？大量的身体运动会发信号给大脑，而大脑会传达化学反应命令：分泌快乐荷尔蒙。该物质有着中和强大体力负荷的作用。这些荷尔蒙在锻炼结束后仍然还会停留在器官里，它们的效果也会持续一段时间。

经常的锻炼可以促进多巴胺和五羟色胺的分泌，给我们带来总体安康和兴奋的感觉。这还不是全部：这类物质的释放还会影响我们看待生活的态度。至少 30 分钟一定强度的体育锻炼以后，我们不会再用同样的眼光看待人生。

因此，当你万事不如意的时候，推荐一个绝对不会错的灵丹妙药给你：体育锻炼。登山、骑车、跑步、游泳或者和孩子打篮球。当你需要面对一些你不想面对的事，比如工作上的冲突、家庭口角，当你要做一样你从没做过的事，或者当你需要接受某项挑战的时候，你首先要做的便是放松和找回身体、心灵和灵魂的平衡。找回平衡的一个简单方法就是大量地做些利于正能量情感分子产生的活动。如此，我们便可以转换思维，找到更多有效的解决办法。

你也许会发现的确有人就是这样做的。与其面对面交谈，他们更喜欢打一场网球比赛。这其中包含了这样一个观点：先找到良好的精神状态，再去处理棘手问题。不是任何时候都适合直言不讳的。当我们内心恼火，不能冷静看待事物的时候，最好先把事情放一放。有时候，留点时间可以把一场面临决裂的谈判变成灵感多多的有效对话。

在我们感觉走投无路、天下乌鸦一般黑的时候，多巴胺和五羟色胺会让我们改变看法。这些荷尔蒙帮助我们从更好的角度去看待我们所面临的困难，并使我们用更加积极的方式去思考。从生理的角度来说，它们减少了害怕和惶恐情绪。它们让我们睡得更安稳，也让我们变得更外向、更爱社交。有些不可思议，不是吗？我们感觉更热情、更放松，对人际关系也更感兴趣。我们自我感觉更好，甚至好很多。而最妙的还在于体育锻炼它是 100%全天然的“兴奋剂”。

幸福胶囊的代价又是什么？

体育锻炼得到的荷尔蒙反应也可以用人工方式进行刺激。在 20 世纪 90 年代，被誉为“幸福胶囊”的“百忧解”（Prozac）可谓是药品界的探照灯。而事实上，该药物曾经确实是世界范围内被医生开得最多的药品，这其中的主要原因是它由于具有改善情绪的功能而被用于抗抑郁症治疗。

百忧解的主要成分为氟西汀（fluoxetine），这种物质具有能够增强大脑神经元中五羟色胺浓度的特性。研究证明，抑郁症病人的脑脊髓液中五羟色胺的浓度的确比较稀薄。然而，轻松快捷获得五羟色胺也不是毫无代价的：该药品具有大量不可忽视的副作用。服用百忧解引起的副作用中，最常见的就有焦虑或紧张、胃口下降、腹泻、乏力或体弱、头痛、恶心、嗜睡、多汗、颤抖和睡眠问题。谁会愿意变得这么糟糕呢！

其他产品则会带来依赖性，比如，尼古丁可以促进多巴胺荷尔蒙的释放。除了有和尼古丁类似的作用外，可卡因还有“留住”多巴胺的功能。通过这个功能它可以阻止多巴胺对身体产生的作用的递减。吸可卡因者因此产生快感，且快感持续较久。尼古丁和可卡因服用者很难控制自己对这类物质的需求，而且，需求会随着时间的推移越来越大，越来越频繁。但这并不是什么好事，因为对多巴胺的滥用会导致思想和情绪紊乱，还会严重损坏我们的身体。

人造幸福

不幸的是，“人造幸福”并非只有凭医生处方才能购买。很多青少年都知道从哪里去搞到这些药片。有些药甚至还能够从药店货架上买到——比如“清醒”（wake-up）和“神奇香水”（potions magique）！这些“合法毒品”通常以功能性饮料的形式出现，它们像迷幻药一样可以给人安康、快乐的感觉，它们在全世界范围内越来越盛行。

迷幻药是一种被禁止的毒品，它们通常在黑市和狂野派对上以胶囊的形式销售。年轻人在刚开始的时候一般会注意剂量，少量服用，但是很快身体就会出现耐药性，接着他们就会试着增加剂量。由于这类合成毒品含有多种精神药物和其他兴奋剂，如咖啡因、蛋白合成激素（睾丸素）和镇痛剂等，它们的副作用很难详细预料。使用者承认迷幻药让他们的精神得到释放，给他们带来精力充沛的感觉。它刺激他们，令他们感觉放松，且更自信。它同时还以能够润滑人际关系而著名，所以它还有个别号叫“爱的药丸”。只要一粒迷幻药胶囊，我们便会感觉自己成了“世界上最好的人”：超级能交际、超级感性、超级快乐！

然而，迷幻药也会导致大量不良反应，这些不良反应在前期的症状表现为血压上升、心跳加快、上下颚痉挛、肌肉痉挛、发热、脱水、恶心；在中期则为由于缺少五羟色胺分泌而引起的恐慌、抑郁以及极度乏力。这还不是全部！最严重的问题还要数长期服用毒品对大脑机能的损害。长期服用迷幻药可对五羟色胺和多巴胺神经末梢造成破坏，从而带来失眠、肌肉抽搐、颤抖、感染、精神障碍、注意力无法集中和记忆衰退等问题，除此之外，还可导致心理依赖、肝硬化和帕金森病。

仔细想想，做运动虽然要比吞食百忧解或者迷幻药劳累，但毕竟是全天然、无副作用的！

第7章 幸福是天生的还是后天培养的？

想知道一个人十年后是否幸福，不要去看现在的他是个成功的生意人、有一座奢华的别墅、一个美丽迷人的妻子和两个可爱的孩子这些事，还是问问他自己现在是否幸福吧！因为目前的幸福是未来幸福的最佳代言人。

对那些不开心的人来说这是个坏消息！既然身体产生跟幸福有关的荷尔蒙，那么这就意味着我们在出生时就已经具备了得到幸福的先决条件。以此推论，我们不难假设有人可能在出生时候就占了优势——其大脑可能会分泌更多的“幸福物质”——这些人自然也会比其他人更幸福。

这个推论是……有道理的！虽然我们还需要对此做进一步验证，但遗传因素似乎确实是影响幸福的最大原因。正如罗伯特·艾蒙斯说的那样，有的人是带着这样的天资出生的。他们天生有能力不受生活中的烦恼和苦楚的影响。运气好的人出生时眼里是美和善，而运气坏的人看到的则是丑和恶。

幸福设定点

每个人都有一个幸福“设定点”（set-point），也就是说，我们不能超越也不会低于某个幸福平面。据说这个平台就像个人体型一样，是由先天决定的。我们生来或高，或矮，或胖，或瘦，正如我们生来或容易幸福，或不易幸福。天生丰腴的人再怎么苛刻节食，都明白他们天生的体型是很难由自己的意愿控制的。

大量的研究似乎都是赞同幸福天生这个假设的。根据这个理论，我们遗传了由基因决定的某个标准的幸福，这个标准的程度在我们一生中都是相对稳定的；生活中的某些事可能会暂时改变人的幸福程度，但我们最终总会把幸福度重新带回我们“先天固有”的幸福标准线上。

戴维・吕肯（David Lykken）是美国明尼苏达大学的心理学系教授，主要教授心理学和精神病学，多年来他一直致力于对幸福的先天因素的研究，并且提出了设定点这个概念。他把这个设定点定义为一种幸福程度的慢性程序设定。由于这个设定点的存在，某个事情，不管是正面还是负面的事情，对我们的影响都会慢慢削弱，直至最终消失。

这位学者建议我们想象陀螺仪的样子，以了解这个内在的机理。陀螺仪是什么？从科学的角度来说，它是一种绕着它的轴心单方向高速旋转的装置。简而言之，我们内在的陀螺仪的设置令我们总是能够找回我们的情感平衡，让我们不论经历了怎样的大风大浪都能重新站稳脚跟。它的存在让人能够在一段时间以后适应一些噩梦般的境遇，比如失去一个孩子或得了绝症。

但是，据说在对“似乎尝试着要更加幸福就跟一个成年人努力还想长大一样没有意义”这个理论做了十年的大力宣传后，戴维·吕肯很后悔，他还表示事实并没有理论说的那么残忍。从那以后，科学家开始支持确有可能改变我们的幸福水平的说法。设定点的确如一个人的体型，但是，遗传编码所代表的并不是某个固定点，而是某个固定幅度。

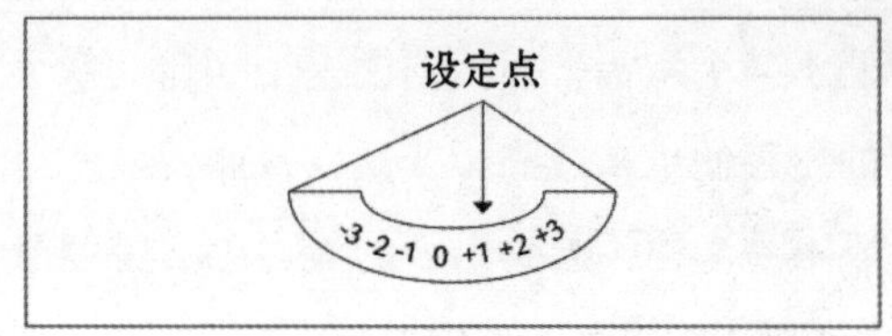

同理，设定点不是一个我们无法摆脱的诅咒。我们可以过得更幸福，但也可能会过得更不幸。我们可以更加强烈地感受那些或积极或消极的情绪，并将它们更多地表达出来。

| 安康的悖论 |

在大部分文章里，人们用一张带有三个指标的比例图来描绘决定安康的主要因素。占最大比例的是遗传，它占了个人安康的 50%；我们个人做出的各种选择是 40%；剩下的是社会因素，零零碎碎不过占了微不足道的 10%。

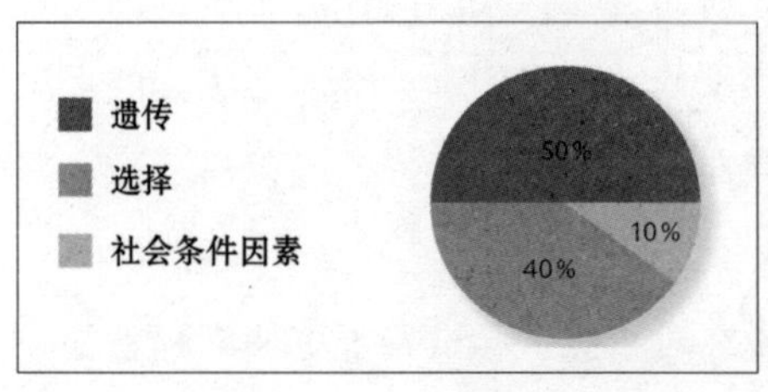

那我们来说说这零零碎碎、微不足道的 10%吧。让我们来比较一下尤金妮和帕特里克。前者是个 55 岁的外来移民，从事看门工作，文盲，且明显过于肥胖。后者是法国建筑设计师，35 岁，时常出入那些最负盛名的高尔夫俱乐部。尤金妮的先天素质和她如今的生活条件没有半点关系，帕特里克的生活方式对于衡量他的幸福程度也没有重要影响。

社会条件因素对幸福程度的影响，就好像大力士强健肌肉上的弹指之痛一样微不足道，面对上述两个例子，这个理论显然有些叫人目瞪口呆。如上图所示，年龄、收入、婚姻状况或者受教育程度等，对安康的影响只占 10%。这便是关于幸福的第二大发现了，仅次于遗传对幸福的决定性作用的发现。

幸福几乎什么都不在乎！根据美国普度大学学者丹尼尔·姆罗切克（Daniel Mroczek）的说法，这种出人意料的现象叫作“安康的悖论”。其中的悖论不是说我们以为生活条件对幸福来说很重要而其实却并不是。没有钱付月底支票的人自然是忧心忡忡的；变老也很让人沮丧。这个悖论是说，最终决定我们内心安康的是人自己，而不是这些生活条件。

生活经历并非微不足道的琐屑

我们说生活条件影响不了幸福，那是因为成千上万的研究将与安康有关的各项指数和人的各种生活、社会条件进行了对比，并且得出了这些社会因素没有决定性作用的结论。但是，也有人错误地以为比例图中的 10%包括了所有的物质和非物质条件。社会条件和生活经历是不一样的，两者不该混淆。后者远远不是微不足道的琐屑！

> 美国斯坦福大学心理学家菲利普·津巴多有项研究很残酷地揭示了经历对人的生活态度的影响。大家可能已经听说过“9·11”事件后美国士兵在战争中虐待伊拉克俘虏的事。津巴多的实验证明，在战争环境下，那些长期过着噩梦般生活的“本质善良的”美国士兵也会变成恶魔。

希特勒的疯狂、卢旺达的大屠杀、地震和台风都让我们看到了人类在形势和环境面前的无能为力，而它们却可以置人于死地。并不是只有世界性灾难才会对我们的生活造成影响，这样的影响其实无处不在。在不同的环境、日子甚至同一天中的不同时刻，我们对外界事物的反应都是不同的。周五下班的时候我们的心已经开始放假，心情很好。我们在小卖部略为逗留，出门的时候，我们会不辞辛劳地帮助一个老太太把重物提到她的车子上。接下来的星期一，到了中午吃饭的时候，我们去食品店买了一堆吃的东西，赶着吃完再去开下午 1 点的一个重要会议。走出食品店的时候我们眼角瞥到同一个老太太，这时候我们会在心里对自己说：“行了，我已经帮过她了，让别人来做这个麻烦事吧。”

掌握人生 40%的控制权

于是，关于幸福，最关键的问题便是：那么我们到底在什么方面是有能力掌控的？答案是我们对我们生活中将近一半的因素，也就是 40%的因素，都可以自己掌控，这 40%不在于生活中会发生的事情本身，而在于我们的回应方式以及我们所做出的选择。

这个比例是很可观的，因为我们每天都会做一些决定我们人生方向的事，小到吃点巧克力、招待朋友晚餐、买菜、看电视等，大到选择职业、生孩子、接受外科手术等。有时候我们的选择可以让我们更开心，比如寻求朋友的支持、好好吃一顿、看本好书等，但也有时候，我们做出的选择对我们的安康是无益的，比如一个人沉思、酗酒或者疯狂购物。

换句话说，我们可以决定播什么种——好种子还是坏种子——收什么果。这就是为什么在评估幸福的时候，还必须要考虑我们憧憬的生活和我们自给自足的能力。本书的主要创作目的便是帮助大家更好地管理这 40%，以达到更加开心的目的。

| 告诉我你是谁，我便可以告诉你你是否幸福 |

我们的选择和生活经历可以影响我们的安康水平，然而，这里还有另外一个关于遗传的残酷发现：从时间上来说幸福具有稳定性，因为这种稳定性，也就是设定点，更依赖于个人性格，而不是外界因素。就像亚里士多德说的，“幸福来源于我们自己”。

幸福还是不幸福，这和个性有关！如何定义个性呢？个性在这里是指一个人看待事物的特有方式，这同时也决定了他的行为举止。个性是每个人特有的标志。是我们用“这就是他！”这样的话说起我们的好朋友时的那种认识；是我们的母亲在炫耀她们对我们的了解时的那些暗示，就好像我们是她们“亲手编织起来的”！

心理学研究表明人的个性是恒定如一的，也就是说它不会随着时间而改变。换句话说，一个人对事物的看法和他的为人处世方法相对来说是不变的。当然，在人生经过某个有益的转折点之后，个人是会进步并变得“更好”的，但从整体来看，就像席琳·迪翁唱的那样，“我们不会改变”（席琳·迪翁的法语歌 *On ne change pas*，直译为“我们不会改变”，但普遍译为“璀璨永恒”。——译者注）。

那些认为遗传是决定幸福水平偏差的主要因素的研究，基本上都是针对双胞胎来进行的。幸福水平偏差，也就是禀赋所允许的或多或少的幸福，取决于个性。因此，同卵双胞胎的两个人，他们从同一个受精卵分裂开来，有着相同的基因，出生后成了不同的个体，之后即使生活在不同的环境里，甚至相距十万八千里、彼此并不认识，他们的性格仍是相似的。当我们把一个被领养的孩子跟他的养父母和亲生父母分别做对比的时候，我们发现孩子更像他的亲生父母。

但是那些被领养孩子的美好故事还是降低了这个结论的可信度。确实，我们现在可以想象一个生父有人格障碍的孩子，如果他被一个有爱的家庭领养了，他并不一定也会有这种病。但一般来说，在由自己亲生父母带大的情况下，子女似乎是不可避免地遗传并得到了父母身上某些决定他们未来幸福的因素。

学会悦纳自己，活出真我

在孩童和青少年时期，性格在某种程度上是可塑的；30 岁以后，它便凝固定型了。只有有意识的刻意努力或重大事件的发生才有可能会带来真正的改变。因此，我们最好断了成为“另一个人”的念头，而学会接纳自己，活出最好的自己来！

性格之所以如此恒定不变，是因为它扎根在人与生俱来的本性里。本性主要是由个人的生理成分构造决定的，而性格则是本性通过行为和态度的外在表现。本性由个人特有的所有生理特征组成，而这些生理特征又决定了人的心理素质。因此，即使一个孩子的性格还没有完全成形，我们也已经可以判断他的本性是比较沉稳的还是比较易怒的。

从新生婴儿刚出生的那几周我们就可以看出他的本性：当有异响的时候，某个婴儿可能会比较敏感或比较焦虑，而另外一个却很平静。就好像是有些小孩的反应更激烈。

这些特征在孩子成年以后仍然会表现出来。杰罗姆·凯根（Jerome Kagan），发展心理学的先驱者之一，发现那些反应强烈的孩子成年之后可能会更害羞，更多虑，也更内向。那些安静温和的婴儿则可能会变得更外向，更随遇而安，也更爱笑。"脑乐"（cerebral joy-juice）这个短语对应的就是第二种小孩具有的脾气。根据美国心理学家保尔·米尔（Paul Meehl）的说法，他们得到了能够感到快乐的自然能力的遗传。一般来说，他们总有好心情，总是充满热情，并且很自信。

本性通过不同的性格表达出来，而性格反过来对情绪产生作用，并使某个具有良好天资的人比别人更快乐。我们用冲动来解释本性是如何对情绪产生影响的。性格决定了一个人在面对事情时的处理方式。一个冲动的人的处理方式是自发的，欠思考的。这个反应给他带来的感受是不同于一个稳重的人的。他可能会让自己处于一种轻率的状态，而这种状态又会引起一种特定的情绪——害怕或没有安全感，而一个深思熟虑的人不会陷入这样的境地。

要确定所有代表了我们的本性，并决定了我们内心状态的性格并不容易。一般来说，我们或多或少是内向的、自信的、讨人喜欢的、认真的、笑眯眯的、开放的……只不过有些性格在有些人身上表现得更加明显，而且，在很大程度上决定了他们的生活态度和他们收获幸福的能力。

他们说，外向的人格外棒

根据保尔·米尔提出的五大性格特质，似乎外向型性格是快乐人生的最佳预示。他认为，脑乐在外向的人身上特别明显。我们外向吗？又或者我们虽然比较内向，但同时也很开心？让我们近距离观察一下。

外向和积极情绪之间的关联性一直以来都是科学家关心的课题，有研究证明，外向的人更喜欢人际交往。这样的结果就是，他和别人分享快乐事件的机会更多。其他相关的研究，比如美国学者凯斯·马格纳斯（Keith Magnus）的研究，则认为那些尊重自己的需要且性格开放的人更快乐。

在这个问题上，有些持怀疑态度的人会说外向型的人（extraverti）并不比别的人更开心。区别不过就是他们更容易显露他们的热忱和欢欣！确实，“extra”意为“非常、高度”。因此，外向型的人相比内向型的人更容易表达他们的情绪——不管是快乐的还是不快乐的。

专家们还说，外向型的人还有个特点，就是他们总觉得人生是掌握在自己手里的，而一个内向型的人，则会在事情发展不顺利时更倾向于认为事情已经发展到这个地步就无可挽回了。正是后者的这种倾向妨碍了他得到幸福。专家们对这个结论是这样解释的：从社会的角度来说，一个外向的人更容易在面对困难的时候因事制宜，而一个内向的人则只会不断反省、思考，而且，在面对困难的时候更容易焦虑，因此，他常常会因为觉得无法面对困难而选择逃避。结果是：外向的人能够学会怎样去克服困难，而内向的人则不能。

有种说法是外向的人得大病的概率比较小，因为他们不会把不快堆积在心里，而长期的心情不畅容易致癌。这又是怎么回事呢？我们确实可以这么去想：一个感情外露的人会把他内心的感情表达出来，从而解放自己的心灵，使得心情更加舒畅，他也因此更有机会健康快乐地生活。一个沉默寡言的人则更容易情绪紧张、沮丧或生病。

从这些角度看，我们确实应该懂得就像我们说的那样，“拿得起也放得下”。然而，在生活中，我们都会遇到一些感情丰富的不快乐者，或者反之，害羞但是满足的人。这些不过就是个人与外界关系的不同表现形式而已。关于这个问题，荣格——对外向和内向研究感兴趣的心理学家之一——解释说：如果说前者主要从外界得到能量，那么后者则主要从他自身寻找力量。他由此得出结论：外向型的人倾向于感情外露、和蔼可亲，但有时候却是肤浅的，而内向型的人倾向于感情内敛、与人疏远，但却是细心周到的。

乐观VS悲观

常识认为仅仅是外向并不能决定幸福，乐观是另外一个要获得幸福不可或缺的性格特点。大家大概都记得这种说法：乐观是看到半杯水里的水的人。那么，让我们换个说法看看：乐观，是透过水晶球可以看到一个美好未来的人。

多项研究证明，乐观是健康长寿的最重要因素。如果我们只能培养一种性格来得到幸福，那么选择乐观无疑是能给我们带来最大收益的。因此，倾向于看到人生好的一面，并有信心可以很好地解决问题，能够给人带来一种良好的精神状态，使我们在考验面前能够做到泰然自若，而这些又增强了机体对疾病的免疫力。

据研究称，一般来说乐观者的健康状况要比悲观者的好。如果我们细数每人一年中可能会有的小病小痛，乐观者发烧、喉咙痛、感冒和腹泻的次数都比较少。我们在哈佛大学劳拉·库巴赞思琪（Laura Kubzansky）某项关于长寿的研究中发现，心脏病在乐观人群中的发作概率要比在悲观人群中的发作概率低50%。看，这是我们应该记住的！美国耶鲁大学的贝卡·雷菲（Becca Levy）和她的同事们的研究则得出结论说，乐观者的平均寿命要比悲观者长7.5岁。

乐观的人在任何一个领域——包括事业、家庭和个人——都会比较成功，而相对来说，悲观的人生病、学业或事业受挫以及爱情生活不如意的可能性则更大。悲观的人最大的特点表现在他们对自己的存在的评价。在一个极端悲观的人眼里，人生就是一系列的倒霉事。倒霉事是指“不幸的偶然事件”。也就是说，他不相信自己有驾驭命运的能力，而是听天由命，任人任事摆布。

一种可以培养乐观的方法是，在事情的发展过程中主动参与，并争取得到主动权。虽然很多事情我们不能从本质上改变它们，但我们拥有的选择权还是比我们想象的多。我们可以改变对自己的存在的看法，尤其是要把眼光放在未来，而不是过去。要做好这一点，我建议我们每天花几分钟去想想我们想成为什么样的人。比方说，我们可以想象自己在事业上很成功，在家庭生活里很幸福，又或者想象自己有一天功成身退。这个小小的练习对我们的安康有着立竿见影的效果。试试看！

不切实际的看法所带来的负面影响

在深入这个话题之前，我想先给大家讲个小故事。有天我在某中学做讲座，有个学生问我："太乐观会有危险吗？"我在心里嘀咕了一下："这孩子很奇怪！"毕竟，正如美国作家、苦修会士汤玛士·摩敦（Thomas Merton）说的那样，"好的事物从本质上来说是好的"。健康如"乐观"者，怎么可能会有危害？这个特别的小男孩阐述了他的想法，我突然明白了长盛不衰的乐观主义有时候也有值得三思和推敲的地方，他说："达赖喇嘛说有些幸福是很愚蠢的，比方说，有人在一头饥饿的熊面前感觉很幸福就是愚蠢！"

这个讲座之后，我在美国密歇根州大学教授克里斯托弗·彼得森的一篇文章中读到了他引用的关于约翰·亨利（John Henry）的民间传说故事。顺便提一下，有关类似现象的研究统称为"约翰·亨利学"。亨利总是吹嘘他比蒸汽火车跑得快。受该信念指使，他向一个蒸汽火车司机下了挑战。令人绝对想不到的是，他还真赢了！只是在到达终点的时候，他也因为精疲力竭而死了。

那些"成功人士"是不是永远要比那些生病的人更开心更健康？答案当然是否定的。有例子证明癌症患者的幸福度几乎不比其他人低。还有研究甚至宣称有的病人要比身体健康的人更快乐。这怎么可能呢？

情商专家彼得·沙洛维（Peter Salovey）的一项研究结果表明，当人因为太自信而忽视了身体发出的健康警示信号时，幸福便有可能成为病因，甚至死因。这种不切实际的乐观主义——即脱离了现实的想象——是会变得很危险的，典型的例子便是不顾后果的不良饮食习惯和鲁莽驾驶。当我们对人情关系过于不在意时也会陷入过于乐观的陷阱。这样的态度用魁北克地方话说就是“没事”，在事实上情况已经很糟糕的时候都还是这个态度，就可能会带来争执，甚至酿成悲剧。

我们总是生活在以为人间悲剧不会发生在自己身上的幻想中。不幸的是，悲剧却会降临在任何人身上！这样的想法在安慰了自己的同时却也让我们忘了未雨绸缪。哪怕持续咳嗽，烟也照吸不误，就好像我们永远不会死一样；又好像我们身边的人也永远不会有事似的，我们忽视了自己孩子发出的沮丧甚至绝望的信号。正是这些空想让我们有一天可能掉入用无忧无虑挖掘的陷阱，并带来一系列的不幸后果。

消极者和积极者的区别

但从总体来说，乐观是个很好的安康指示器。为了理解为何乐观者得以更快乐，我们必须明白：既然现实至少有一部分不过就是我们自己的看法，那么我们对现实就有一定的驾驭能力。事实上，消极者和积极者之间的区别便在于他们看待事物的方式。

四季交替，我们像看戏一样看着一幕幕几家欢喜几家愁的人间戏剧在我们周围上演。春天，有人看到的是枝叶发芽的生机，也有人抱怨天亮得太早、晨起的小鸟太吵、马路上的坑坑洼洼太多。夏天，有人惬意地享受蓝天白云的温柔、欣慰地感受放假孩童的无忧无虑，也有人抱怨天气炎热、恨不得让孩子们立刻重新回到学校。秋天，有童心未泯的成年人把落在屋顶上的雨声当音乐听，也有人已经想着潮湿可能会导致他们的关节疼痛。然后，冬天终于来了，有些人向往雪的纯净和节日的快乐，而在另一些人眼里，圣诞节不过是个商业概念，商店里到处是被宠坏了的孩子和为了过节而疯狂购物的人。与其冒着被大雪困住的危险或者让亲友占去大把时间，他们宁可懒散地待在自家客厅里。

积极者和消极者各自有着他们特有的看待生活的方式，换句话说，对事物的“思考”方式。根据塞利格曼的描述，消极者是这样的：他经常会有一些“灾难性的想法”。在面对困难的时候，他总是想着最坏的结局。在他失败的时候，他将其归为某种整体的、稳定的、内在的现象。一个消极的学生在没通过考试时将失败的原因归咎于他自己，在内心对自己说：“反正无论我做什么都是失败的，我一直都很没用，这是我自己的错。”在不幸事件突然发生时，他把偶然性事件当成必然性（“无论我做什么都失败”），认为其具有稳定性（“我一直都很没用”）和内在性（“这是我自己的错”）。

单身的失败主义者也是同样的问题，他们在内心对自己说，自己不可能找到另一半，因为他们不像卡萨诺瓦（Giacomo Girolamo Casanova，1725—1798，极富传奇色彩的意大利冒险家、作家、“追寻女色的风流才子”，18 世纪享誉欧洲的大情圣。——译者注）那样到处讨女人欢心。一个职业女性如果消极的话，在她五十来岁的时候就不再奢望得到和她能力相配的职位了，因为她坚信没有人会愿意雇用她这个年纪的人。所以，消极者在碰钉子的时候不会去深入了解事实，而已经开始泄气。对一个悲观者来说，他需要克服的最大困难就是停止这样的内心独白："我什么都做不好""没人喜欢我""坏事总是轮得到我"。

乐观者在同样情况下做出的反应就完全不同。当他知道自己有门考试没及格的时候，他对自己说："我昨晚没能好好学习，因为让别的重要事情给耽误了。"他把自己的失败归结于某个临时的（"昨晚"）、特定的（"我没能好好学习"）同时也是外在的（"因为让别的重要事情给耽误了"）原因。用这样的方法看待一些难以面对的事物有助于个人的自我保护，并在下次重新来过。

众所周知，不考虑后果的行为可能会带来一定的危害，有时候甚至可能会造成与火车赛跑的约翰·亨利这样的悲剧。而另一方面，有些人自我保护过度，以至于失去了从错误中吸取教训的好机会。

归根结底，走出困境并保持希望的一个好办法便是坦然面对困难。最好还能够以灵活的态度采取行动，同时兼顾成本和行动范围。就像匿名戒酒会（Alcoholics Anonymous）承诺的那样："用平静来接受不能改变的；用勇敢来改变可以改变的；用智慧来辨别两者。"

| 消极思想的积极作用 |

撇去前面这些观点的正确性先不说，我们必须承认乐观并不是对任何人、在任何时候都有用的。有的人做不到因为别人鼓励他看事物美好的一面而假装很开心。在他们眼里，这就像是把一种"积极压迫感"强加给他们。

同时，一个人在即使面对困境也能保持笑容的能力是非常有限的。除非是主动选择要过简单的生活，否则，一般来说贫困是人对生活不满意的原因之一。而且，有些创伤会留下不可磨灭的痕迹。在某些特殊情况下，比如亲人去世、丢了工作、发生意外、朋友间起冲突等，感觉悲伤或者气愤，甚至局促不安、灰心丧气、混乱不堪、失去活力，都是正常的。反之，如果在这样的情况下还能若无其事地快乐生活，那就该令人担心了！

因此，尽管一种乐观的生活态度对于我们的健康和幸福起着决定性的作用，但困境所起的作用也是不可忽视的。在某种程度上，不幸、失望和紧张是有它们存在的理由的，而那些消极的思想在多数情况下也是有用的。

> 大家大概也认识一些“劳心的人”，他们总是很操心，结果他们做什么都能做得很好。他们做着最坏的打算，但是他们心底深处很明白事情并不会那么坏。举个例子来说，一个天生操劳的人可能会因为害怕不能按时完成工作而处于紧张状态。这种紧张情绪虽然令人讨厌，却也促使他更加勤奋工作，并且让他在工作完成以后更加能够体会到那种满足的感觉。

麻省威尔斯利学院的朱莉·诺伦（Julie Norem）教授把上文中这个人的表现行为称为“防御性悲观”。换句话说，他的消极思想使他把害怕失败变成了成功。一般来说他总是能够和那些更乐观的人一样成功完成工作，只不过他选择了别的途径，而且他坚信没有别的更好的办法了。据说亚洲人就是出了名的善于运用这类很特别的悲观情绪。

就我个人而言，相对眼高手低，我更喜欢略微的消极。这样的态度使我对未来没有很多期待，也让我在一切顺利时觉得更加满意，因为最终结果总是比我期待的要好那么一点点。朱莉·诺伦讲的是“负面思考的正面威力”[①]，这也是她的书名。这个办法对我来说非常有效。那么对你呢？

综上所述，有些负面情绪，如若适当，可以帮助我们考虑到未来所有的哪怕是很小的可能性。如此，这样的情绪可以帮助我们避免陷入困境，而且，在某种意义上引导我们做出最合理的选择。大胆而又莽撞的年轻人用他们自己付出的代价去学习这样的负面情绪。“切实际的悲观”有时候要比“不切实际的乐观”更有价值。相比一个对某些事物的内在危险视而不见的人，一个比较现实的人对他自己、他的生活都会有比较正确的判断，并且也更能够为自己的行为负责。

①Julie Norem, *The Positive Power of Negative Thinking:Using Defensive Pessimism to Harness Anxiety and Perform at Your Peak*, New York, Basic Books, 2001. —— 作者注。（中文译本为《乐观者赢，悲观者胜——负面思考的正面威力》，赵剑非译，中国商业出版社，2004。——译者注）

第8章 复原力强的那些人

我们已经知道，有人天生积极，也有人生性忧虑、消极；有人勇敢追求幸福，也有人但求无过；有人把每一天当成生命赐予的礼物，也有人把过日子当成是惩罚。

团队旅游的时候如果有个什么意外小插曲，有些人会觉得好玩，而有些队友则会低声抱怨，把事情归罪于旅行社的组织能力。有的人脾气暴躁、焦虑不安，对他们来说从来没有什么是完美的。他们碰到什么就批评什么，从来没有开心的时候，还总是很倒霉，他们的生活毫无乐趣。这些人无论是和邻居、上级还是和家人都无法相处。他们经常不是这儿痛就是那儿痛。即使在需要帮助的时候，他们也不愿意被人打扰或者去打扰别人！我们周围总有那么一个或几个这种类型的人，我们一般也不喜欢和他们相处。我们想办法回避他，因为害怕他的不快影响自己的情绪和生活。不过幸运的是，这样的人并不多。事实上，世界上快乐的或者真心希望得到快乐的人要比不快乐的人多得多。

幸运者的大脑

大家是不是也认识这样一些人，他们用灰暗的眼光看待生活，并总是张皇失措地声称“事情肯定会变得很糟糕”又或者“坏事总是降临在我头上”？在他们眼里没有事情可能是顺利的。他们的念头仿佛就是厄运的“圣旨”，似乎他们想什么就会发生什么：他们那些不管是怨天尤人还是杞人忧天的想法最后总会不幸成为事实。

这些人是某些名剧里不幸人物的现实版。哈姆雷特就是这样一个不幸的剧中人物：他的叔叔和母亲在他不知情的情况下阴谋杀害了他父亲，也就是当时的国王；在经历了长久而又深刻的消沉之后，这个年轻人觉得自己从某种意义上来说继承了一种“天生的不幸”。

与莎士比亚笔下的这个著名角色相反，有些人乐观而又活泼，用乔纳森·海特的话来说，就是大脑好像中了彩票，因为他们天生就是来看世间“美丽的一面”的。这类人喜欢成功，也容易成功，而其他人则只满足于不失败。不管什么事物都能让他们看出积极点来。他们坚信未来是美好的，相信人生，懂得把坏事看作是学习的机会。他们很有幽默感，即使在困境里也会让人看见他们的这种天赋。他们不念过去，也不畏将来。在意外发生的时候他们随机应变。他们是天生快乐的人！

复原力: 在逆境中站起来

艾力・拉布弯（Éric Lapointe）是个魁北克摇滚歌手，他用他的艺术天分写出让人无比感动的歌曲。他的一首歌描述了一个“下着雪的童年”和一种被“重重云雾”笼罩着的生活。他的另外一首歌讲述的则是被毒品侵蚀的世界，歌里影射了那些“垃圾堆里的鲜花”。每当我听到“垃圾堆里的鲜花”这句歌词，都会忍不住联想到那些生活在如“化粪池”般恶劣的环境里却依旧出淤泥而不染、如鲜花般悠然绽放的人。

有些人是有韧性的，他们会在敌人或者困境面前不断重新站起来。他们就像是靠着一点雨水就能扎根于岩石隙缝里的那一棵棵小灌木。他们的生存能力无比强大。

玛莎在战时逃离了萨拉热窝，当时的萨拉热窝到处都是谋杀和废墟。她曾经是个律师，和丈夫一起过着富足的生活。在丈夫被残酷杀害以后，她带着年幼的孩子来到魁北克避难。没有钱，没有一个遮风挡雨的落脚处，也没有亲人，一切都要从零开始。她用了十年时间学会了一门新的语言，适应了一个新的职业。她重新建立了自己的社交圈子，并且完完全全地融入了当地的文化和生活。如果你碰到她，毫不夸张地说，你肯定会为她的魅力倾倒。她的笑容可以融化哪怕是最坚硬的心，她的声音温柔无比，她身上的能量可以移动一座山。只有说起过去的时候，她才会流下无助和遗憾的泪水。但是，几分钟的伤心流泪之后，她又会卷起袖子，然后……然后给你沏一杯茶，端上一些小点心。

要活着，而不要凋谢

复原力（又译作“坚韧性”）这个概念首先是儿童心理病理学在对恶劣生活条件下依旧能够健康成长的儿童进行观察时所引入的。在这之前，心理学界普遍认为，一个在不利于儿童成长的环境下长大的小孩是肯定会有心理问题的。这种偏见在1970年被改变，当时的神经精神病医生、多部著作的作者——其中包括“心理弹性三部曲”——鲍里斯·西吕尔尼克讲述的几个关于坚韧的儿童的感人故事引起了心理学家的广泛注意。根据这位心理专家的观点，在无可抗拒的外界环境面前，选择坚强——而不是任凭命运摆布——可以给当事人的人生带来新的价值，使他拥有更加积极的未来和前景。

如今在心理学各个学派中，“复原力”这个术语专指那些困难降临时选择坚强面对和生存，而不是懦弱屈服最后抑郁成疾的人。我们现在也开始用这个概念形容至亲去世以后的心理调整。

博斯维努是魁北克一位失去了他仅有的两个女儿的父亲：她的大女儿被奸杀，而二女儿也在三年后死于车祸。他在《承受生命不能承受之重》一书中写道：致力于揭露女性所受的暴力和受害者家庭缺乏社会支持这一现象，我才最终得以接受失去两个女儿的悲痛事实，并化悲痛为力量，为自己遭受的这些不幸找到了价值和意义。

播撒新生活的种子

所以说，复原力是始终保持在正常水平运转或者在经历困难之后重新站起来的能力。人是如何做到把悲痛变成为新生活播下的种子的？这些杰出的人是否拥有了他人所没有的特殊品质？

一个有韧性的人相信他是能够驾驭人生的。在他眼里，任何变化都只是挑战和机遇，而不是危险。在别无他法的时候，他也会选择面对现实，顺其自然。即使受到命运打击，最终他也能够成功渡过难关，而别人可能会把这样的打击视作绝境。他不会任凭命运宰割。更妙的是，他懂得如何把艰巨的考验变成可以萌发出令他更上一层楼的新机会的种子。这就是为什么那些具有心理弹性的坚韧的人在我们看来有点与众不同。

那么哪些人是有复原力的人呢？你是其中之一吗？在遇到意外或悲剧之前，很多人自己也不知道他其实是多么有韧性。菲利普·津巴多教授是这样说英雄主义的：当我们站着直面敌人的时候，我们就成了英雄。他认为英雄主义就是对诸如卢旺达大屠杀这样邪恶而又荒谬的事件的反抗。他建议要教育孩子从小明辨是非，做个“日常生活中的英雄”，以便长大后能够对各种不正确的事大胆提出不同意见，这些事可以是大到全国范围的污染、暴力等，也可以是小到身边某些机构或者某些人的胡作非为等。

就跟英雄们一样，有韧性的人会把“坏事”变成好事。他们这种积极态度可以表现在生活中的很多方面，但是，他们也可能在某些情况下特别有韧性，而在另外一些情况下却完全失去了韧性。所以，这种复原力不一定是可类推的。

| 一种常见的魔力 |

复原力很罕见吗？并非如此！事实上复原力要比我们想象的普通，而且它被激发的方式有时候完全出人意料。它并不是某些特殊的人所专有的。相反，每一天，无论是年轻人还是老年人，只要他们的生活要面对外界的挑战，复原力就会出现。

> 与我们想象的完全相反，大部分老年人都是很有韧性的，因为他们能够适应他们新的现状。他们并没有变成别人常常以为的那样——沮丧、孤僻或者“老顽固”！他们明白年龄增大带来的诸多不便，但是因为有了岁月传授给他们的智慧，他们依然能够快乐地享受生活。爷爷奶奶变成了孩子们的最佳守护人，无论什么时候我们都能放心地把孩子托付给他们；曾经的机械师傅现在则在修理他家那部坏了马达或者漏油了的二手车；别的老人则在他们曾经如鱼得水的行业，比如饮食、管道安装、行政、社会福利等，做些或义务或带薪的兼职。

那些坚韧的儿童或成年人和别人一样迎战他们的现实：尽管注意力集中困难，尽管身有残疾或身患疾病，尽管意外的突然造访无法避免，他们仍旧坚持上学或上班。他们和别人的区别很简单：在大大小小的不幸面前，他们不会那么经常也不会那么强烈地感到沮丧、焦虑和害怕。他们是怎么做到的？他们会控制他们的大脑，使得事情看上去没有那么恐怖。明白了吗？面对的是一样的现实，但是他们有一种能力可以使不幸看上去无限变小，直到小到在伟大的生活面前完全消失不见。

明尼苏达大学儿童心理学教授安·马斯滕（Ann Masten）把复原力叫作“常见的魔力”。在这种魔力的推动下，即使人生道路坎坷，人们依旧能够大步向前走。他们成功地穿越了泥泞而又肥沃的沼泽地：生儿育女、生离死别、背井离乡、失去工作、生老病死。他们“利用”苦难把自己的生活变成更加美好的世界。

复原力是不是逃避现实的表现?

尽管我们都认识到了复原力的好，但还是有人认为它是逃避现实或者“脑子有问题”的一种表现。根据这些人的理论，悲剧必然会彻底改变一个人的生活，“仿佛什么也没发生过似的”继续生活是不正常的。通常来说，至亲的去世必然会带来持续几个月的悲伤，而当一个人没有这样沉痛的感觉，当他“哭不出眼泪来”时，我们就会怀疑他是不是拒绝承认现实。

这个理论确实有一定道理。的确，不幸事件必然会造成某种程度的混乱不安；如果没有，那就要看是“没有”到什么时候：如果只是暂时的，则是正常的，反之，长久无情感发泄迹象则的确是病理性的。此外，暂时“逃避”现实几小时还是一个有效的、值得推荐的好办法。逃避——在必须面对残酷的现实之前，先一个人躲得远远的，“静下心来”，这不失为一个避免情绪失控的好办法。我们已经见过太多因情绪失控而引发的惨剧了。

在不幸中成长

纳森是个讨人喜欢的出色男孩。他漂亮的双眼能把人看得心都化了。他身体健康，文体皆优，还有不少朋友。很显然，他具备了幸福的一切前提条件。但是，他有时候却会打心底感到悲伤，那是因为他在很小的时候就被人收养了。虽然他的养父母对他很好，但和很多被收养的小孩一样，他还是觉得自己是被亲生父母抛弃了，所以，他觉得别人肯定看不起他。

多年以后纳森想认识自己的亲生父母，这时候他才知道，原来自己的生母是个吸毒者，父亲更甚，不仅吸毒，还惹了一身官司。纳森在自己生父母家里曾经被忽略过，也曾经被虐待过。这个发现对他来说是个新的启示：他平生第一次明白了，虽然他对他的父母来说也很重要，但是他们没有抚养他的能力。他也明白了有关部门是为了保护他才把他从一个不健康的环境里解救了出来。他开始从心里明白自己是个讨人喜欢的人，一个和别人完全一样的人。他也知道了养父母对他的爱是一种超越血缘关系的爱。于是，他有了要好好活下去的强烈愿望。

当某个悲剧性事件突然打破了生活的轨迹，乍一看，会觉得人生很荒诞。人们与痛苦和那种无能为力的感觉斗争，试图以此来为荒诞的人生找回意义。在一段时间的艰难挣扎之后，我们会把不幸看成是帮助我们看到新曙光的指明灯——又或者一个有益的机会。人们在讲述这样的事件为他们带来的好处时经常会说，经历了这样的事情以后他们能够更坚强地面对人生了，而且，不幸也使他们和身边的人建立了更加深厚的关系，并让他们明白了什么才是最重要的。

大部分人都能够从创伤中找出积极的意义。这个结论是不是有点出人意料？渥太华卡尔顿大学学者克里斯·戴维斯（Chris Davis）的一项研究指出，70%的人在经历重大挫折以后说从中领悟到了某些特殊意义，而其中 80%的人甚至觉得挫折使他们受益。在那些提到的益处里，有一项是他们觉得自己“成长了”。挫折改变了他们对生活的看法，他们感觉自己从中学到了很重要的做人的道理，他们还希望自己学到的东西能够使别人也受益。而且，挫折还让他们看到了家人的重要性，而艰难时候家人对他们的支持，也会拉近他们和家人的关系。

失去了女儿的博斯维努如今是渥太华州议员，他致力于维护犯罪事件中受害者家庭的权益，他还在继续着他的战斗。纳森选择用另外一个被养父母深爱的孩子的故事，来代替他心中那个深藏了很久的自己被父母抛弃的想法，这个新的故事里更多的是幸运和机遇。另外那些遭遇过挫折的人也会给他们的人生赋予新的意义，每个人都有他自己的方式。

遭受创伤后的成长

杰马克在 50 岁的时候平生第一次得了突发性焦虑症，这使他对生活的重要性做了重新定义。他辞了职，把时间都留给了自己的孙子孙女。乔安娜在母亲突发心脏病去世的时候对自己说：“不要再抱怨了，也不要再为未来做无谓的担忧了。趁活着，好好享受每一天吧！”身为某中小企业老板的马赛尔得知他的心肌梗死可能是由他易怒、不耐烦的性格造成的，于是他开始改变对员工的态度，从那以后他还开始参加一些冥想练习会。

生活中的重大打击有可能会给我们的人生带来积极的转变。上面这些例子讲的是用来平衡创伤后心理压力的创伤后成长。遭受创伤的人从悲剧性事件中领悟到关于自己和人生的重要道理。我们有时候甚至还会很惊讶地听到他们说：“那是我生命中最宝贵的经历！”

从纳粹集中营里幸存下来的奥地利籍犹太精神病学专家维克多·弗兰克就是一个很有说服力的例子。还有谁比他更适合来解释一种可怕或疯狂的经历是如何最终把人带向快乐的？他的《活出意义来》一书讲述了集中营里的囚犯日复一日的、随时都会死去的可怕生活；生活的苦难提高了他们的生存能力和思想境界。该书的中心思想是他的意义治疗（logotherapy）理论，他认为，人活着，不论身处何种环境，都有其意义。

诸多证据证明，疾病或意外有时候反而会让人生受益。事实上，据说创伤后成长就像复原力，是一种普遍存在的现象，而且，大部分创伤都会让人在这之后永久受益。回想一下我们的过去——失败、分手、死亡、意外——这一切让我们学到很重要的价值观，他们是我们人生中的一个个转折点。

那我们日常生活中不时会表现出来的这种复原力究竟是天生的还是后天学来的呢？这个问题没有答案。我们在考验面前的反弹能力有可能是遗传的，而后天环境也同样可能帮助我们克服和超越困难。从遗传的角度来看，我们知道荷尔蒙——比如五羟色胺——对性格脾气起着决定性作用。鲍里斯·西吕尔尼克解释说，那些能够更好地摆脱困境的人的基因里含有能够包含大量五羟色胺的长蛋白，而别人身上该荷尔蒙载体都很小。后者可能对考验“非常敏感”，而前者较不易感情用事，也更有超越障碍的能力。

复原力也可能源自好的生活环境。比方说，家庭成员、朋友和其他相关人员可以给那些遭受虐待的孩子带来积极的影响，如此，这些孩子成年后就未必会成为施虐者。

第9章 幸福可有性别之分？

那些复原力强的人是不是具有某种特殊DNA，可以使他们在厄运面前更具正能量？这个我们目前还不知道。还有些别的幸福和基因的关系，例如，如果基因可以部分决定幸福，那么决定性别的X和Y染色体也从中起到了一定的作用吗？简单来说，法比耶娜和大卫，一个女人和一个男人，会不会其中一个因为性别原因而更幸福？

事实上的确有抑郁症专家认为女性更不容易得到幸福。与男性相比，她们更倾向于对负面的事件和作用做出反应。对很多女性——以及她们的爱人——来说，这个现象在每个月那么三四个讨厌的日子里是很明显的。但是，我们还是要重申，目前为止科学家们并没有在这个问题上得出明确结论。

女人比男人更幸福吗?

英国心理学家丹尼尔・列托（Daniel Nettle）在其著作《追究幸福：微笑中的科学》（*Happiness : The Science Behind Your Smile*）中对多个关于幸福的研究做了宣传。其中有个很有意思的研究是关于男女性别的区别的：在这个问题上，男人对他们的“甜心”的善变情绪的抱怨泄露了这么一个事实——“甜心”的脾气并不总是像听上去这么“甜”！

而我们这里还是要重申一点：要区分这些言词中的细微差别。这些研究说明，从根本上来说，女人比男人更幸福，同时也更伤感。她们对所有的情绪的感受都要相对更深一些——除了愤怒——她们比男人更频繁更强烈地体验到积极情绪。

众所周知，社交场合下的女人总是显得更快乐、更热情，也更爱笑。随便翻本画报，我们就会看到开心地站在不苟言笑的沉着脸的男人旁的女人。这些都是老生常谈了。她们也更精于读懂他人的肢体语言。但一般来说，她们比男人更忧郁、更焦虑、更胆怯，也更容易有羞耻感和罪恶感。

情感强度

社会成见同样也影响了情感强度。女人总是被鼓励在某个限度内表达自己的情绪，而男人相对来说则是不允许感情外露的。

可是，多个研究一致得出结论说幸福不存在性别优势。

美国社会学家罗纳德·英格哈特（Ronald Inglehart）主持针对16个不同国家的17万人进行了调查研究，其结果证明，男女之间的幸福指数基本相同。就连那些本是以证明男女之间差异为目的而发起的研究，最终在幸福指数这一点上也不得不让步，承认其差别根本无足轻重。

不同的性别之间唯一不可忽视的区别在于情感表达的强度。女性不论是宣泄积极的还是消极的情绪都能更加淋漓尽致，而男人则更稳重，更有节制。那两性间的幸福水平又怎么会相同呢？因为我们做统计的时候用的是积极值减去消极值得到的一个平均值，这样算下来，总体指数就是一样的。举个例子，某女士的积极情绪值较高，为10，根据这个数值，我们再减去她的消极情绪强度值，即9，那么在安康刻度表上她得到的平均值就是1。我们再用同样的方法去计算某男士的安康值，他的积极情绪强度值较小，为3，我们在这个数字上减去他的消极情绪强度值2，那么他得到的总体安康值也是1。

此外，也有人怀疑女性是否真的可以比男性感受到更多更深刻的情感。事实上，很有可能男人和女人实际上感受到的情感强度相同，区别只不过在于对这种感受的表达：女人会更多地讲述自己的情感问题。女人说得更多，是因为她觉得别人期望她这样做。男人不大讲，是因为他们就那样儿。对女孩儿和男孩儿的教育不同也是造成这个既是遗传也是社会现象的原因。男孩从小所受的教育中往往有不流泪和不流露感情这两点——愤怒另当别论。

面对阻挡者时的攻击性

男人比女人爱动武，这是众所周知的，也是媒体经常宣传的。然而，在这一点上的性别差异其实并不如看上去这般明显。

我们刚刚已经看到了，社会默许女人感情外露，而男人就得控制他们的情感。尤其是女人更常使用面部表情来表达她们的情感，而男人则会用一些被认为是更暴力（砸东西、提高嗓门等）的行为来表达他们的情绪。攻击性是男人仅有的一些被默许，甚至是被鼓励去表达的情绪之一。

也有人说，女人同样表达自己的愤怒之情，只是方式更隐蔽而已，她们大多用恶毒的语言，而不是粗鲁的行为。攻击性在女人和男人身上的表现方式不同。

在这个问题上，耶鲁大学心理学教授苏姗·诺伦-霍克西玛（Susan Nolen-Hoeksema）强调，女人对愤怒的表达特征可称为“内在障碍”。这类障碍表现为把消极情绪发泄在自己身上。焦虑和忧虑便是其中两种表现。男人则更倾向于把他们的消极情绪发泄在物品、形势或者他人身上。在这种情况下，我们说的就是“外在障碍”，这可以表现为吸毒、酗酒，或失控、愤怒和暴力引发的其他问题。

男孩和女孩几乎是在同一年龄阶段就会在学校里显示出他们的攻击性或焦虑症状。其中一个解释这种现象的理论是，男人觉得有问题或觉得是挑衅的情况在女人眼里很中性、很自然。所以后者对自己说“除了对我自己，我没有理由生气”，而男人则相信问题出在别人身上。

每个人都有其强项和弱点

关于影响幸福的各种生理和社会因素，我们很难确切地了解男人和女人之间到底有什么区别。但我们还是能够观察到，一般来说，除了攻击性，女人可以较为轻易地表达她们的情感，而男人则更有控制情感的天赋。我们可以想象两者之间的差别是有其必然原因的，男人也好，女人也好，都是有弱必有强，以强补弱。

男人身上的攻击性和他的体力有关，而女人的那种更口头、更理性的攻击性则与她们更注重人际关系有关。

虽说不管何种形式的暴力都是不可接受的，但是，男人却有权利使用他们身体的力量去完成一些艰巨的任务，以及保护他们的亲人。而女人则利用她们在人际关系上的天赋来巩固家人之间或者某个小团体之间的关系。

强硬改变其天性是不合理的，所以，一个人不可能同时变成男人和女人。我们中有些人——单亲妈妈或单亲爸爸——试着同时承担两个角色，但都不是很成功。从人性角度来看，这是不可能的。这就是为什么我觉得一对夫妻想要白头偕老的话，他们必须做到彼此“取长补短”。

两个人性别上的弱点和长处可以互补。一个很敏感的女人可以学习男人身上的钝感、踏实和淡漠。一个内向谨慎的男人可以欣赏女人的外向和丰富的创造力。成功的秘诀在于尊重彼此的不同之处，并认识到大家的互补性。

在同一个人身上，他的优势也可以平衡他的弱点。女人身上的人际关系相处天赋可以平衡她情绪上的敏感性。这种天赋可以在她无能为力的时候起到跳板作用，协助她去寻求帮助。男人则有他自己的办法来发泄其内心情绪，有的会看一场曲棍球比赛，有的会去爬山、攀岩，还有的会见见朋友，或者在办公室加班，或者去健身房锻炼。

我自己也曾经面对过这类人际关系的挑战，所以我切实了解其中的痛痒，建议大家要试着去理解两性间的差别。只要这些差别能够为自己和他人造福，就尽量更加包容一些吧。

人生路上的转折点

这段文字主要讲的是我们人生中那些可能会影响我们一生幸福的重要转折点。很多人会说这样的时期是他们人生中最痛苦的时期，也有人会说是他们一生中最有益、最重要的时期。然而，年龄也好，生活的挑战也好，就算那些人生路上的重要转折点也好，似乎都没有真的对我们的幸福产生多大的影响。

生完孩子成了家庭主妇的女人，其内心可能跟一个事业有成的成功男人内心一样满足。美国科学家戴维·迈尔斯（David Myers）和爱德华·迪纳说的那种“空巢”综合征，也就是当孩子都长大了、离开家自立了的时候，父母满心空虚时所表现出来的症状，似乎也并没有被科学证实。照顾孩子通常很能让人觉得内心充实，但是，看着他们离开家庭并自食其力也可以是很让人觉得满足的过程。很多家长说，回到“没有孩子”的生活使他们重新找回了失去已久的自由。

而且，尽管我们经常说40危机或者“灰色中年”，大部分男人并没有用婚外恋来证明他们的吸引力。科学家在这个问题上所做的研究反而证明，四十来岁的男人比年轻人更满足，也更不容易焦虑；而关于女性，跟大众观点相反，更年期并不会造成更多的抑郁症状。退休会让人感到生活失去了意义，但总体来说是让生活更美好了。

以上这些记录激起了我们的欲望，让我们想要去探索自己生活中真正决定我们安康的方方面面。那些转折时刻能有这样的能力吗？我们自身对我们的安康要比我们所想象的更有影响力吗？除了遗传因素和我们的脾性，还有别的重要因素可以对它产生影响吗？最重要的是，无论条件如何，我们都可以从今天开始学习变得更快乐吗？

第 10 章 究竟是什么让我们感到幸福？

爱德华·迪纳被誉为“幸福心理医生”。他曾花了 20 多年的时间去研究究竟是什么使人感到幸福。他收集了很多资料来回答如下问题：生活在美国比生活在别的地方更幸福吗？金钱可以影响我们的幸福吗？智商高的人的生活是不是一定比别人的生活更让人满意？年轻是不是一定比衰老更让人开心？我们下文就来看看对这些问题的研究有什么发现。

幸福不是一道算术题

蒙特利尔顾问皮埃尔·科迪（Pierre Côté）用 24 项重要性不一的影响标准来衡量安康程度。他把这种测量方法叫作“幸福相关指数”（indice relatif du bonheur，简写为 IRB）。他认为理想的实现、健康、家庭、工作、财务状况、爱情、友情和感恩之心是构成幸福的主要元素，每个元素都有其对应的量化了的价值数，而这些数值的总和就决定了一个人整体的幸福程度。

我们先不考虑这些幸福相关指数是否有意义，因为幸福不是一种可以用加减法来计算的感觉。如果这个方法有用，那每个日子不就都可以用快乐时光平均值减去不快乐时光平均值来衡量了？和朋友吃顿饭值 +5 分，头痛值-5分，要去车行修车-5，如此等等。按照这个道理，我们完全可以预知未来每一天是开心的、一般般的、还是痛苦的，但现实生活并非如此，幸福不能用这样的方法来衡量。

事实上，幸福不是一个数据，也不是一道加减法算术题。虽然很多研究者都坚持不懈地在努力寻找得到幸福和衡量幸福的办法，但都还没有找到一个明确的答案。其实，影响幸福的变量有很多。

“美好”的一天

> 爱德华·迪纳主持的一项重大研究表明，“美好”的一天的五个首要条件是满意的性生活、和自己深爱的人在一起、放松、静思和吃东西。锻炼和看电视并列其次；照顾孩子则远居其后，在做饭和做家务中间的某个位置上。

照顾孩子对我们身心安康的贡献如此微不足道，这是不是有些出人意料？是，也不是。稍微想一下，当我们工作了一整天之后买菜回家，然后还要辅导孩子写作业，准备饭菜，给他洗澡，陪他看动画片，给他讲故事，抚摸他，跟他说“晚安，宝贝”……所有这一切给我们的感觉就好像孩子也是“家务”的一部分。

你会说，但是，无论如何，对大部分家长来说，孩子很明显是他们主要的幸福来源。但事情并非如此确定！事实上，孩子也是他们不快乐的原因之一。暑假期间和年幼的孩子一起做游戏或野餐确实很美好；但在凌晨的时候等待已是青少年的他过完夜生活回家就……怎么说呢……是件让人担忧的事了。

纽约罗彻斯特大学的哈里·瑞丝（Harry Reis）教授及其同事们的一项研究从另外一个角度证明，一星期中的某些日子，也就是周五、周六和周日，可以让人更开心。周一则是“最糟糕”的一天，它为我们的安康水平做出的贡献最低。我们同意这些结论吗？除非你特别热爱你的工作，而你的家庭生活却很糟糕，否则，我们当然是同意这些结论的！

对金钱、工作、爱情和好天气这样的课题，研究得到的答案同样不甚明了。举例来说，我们以为春天的时候北方国家的人要比在无穷无尽的冬天里更开心，以为他们冬天的自杀率肯定会相对高很多；以为这些高纬度国家的漫长冬季会带来很多抑郁症。而事实上，圣地亚哥大学的大卫·施卡德教授（David Schkade）和普林斯顿大学的诺贝尔经济学奖得主丹尼尔·卡内曼教授（他因为他关于幸福经济学的学术作品而著名）将那些生活在气候宜人如天堂般的地方的人和那些来自日照很少的地方的居民做了比较，但他们并没有得出任何令人信服的结论。南方的温暖和北方的寒冷既没有让人更快乐，也没有让人更不快乐。

然而，有时候寻找幸福的人会找错地方。如果我们以为——错误地以为——气候很重要，那是因为我们把剩下的因素——健康、社会关系、工作机会等——都忘掉了，而这些因素对我们的安康同样起着不可忽视的作用。

不同文化对幸福的不同定义

英语中“幸福”一词是happiness，这个词是从happen演变而来的，happen是“发生、产生”的意思。在德国，“幸福”叫gluck，意思是“运气”或者“幸运”。在西班牙，人们说felicidad，意思是一些“营养丰富的东西”。

知道幸福的含义因地而变对我们来说真是莫大的发现！你可知，在意大利，人们几乎不说“我很幸福”？这句话人们只会在一些很特别的时候，比如婚礼上和纪念日时，说这句话。平日里，他们只说自己“挺好”或者“开心”。有多少不同的风俗，幸福这个词就有多少不同的含义。这就是为什么我们不能光从字面意思去理解“幸福”这两个字，而还应该了解其中的文化差异。

大部分关于幸福的研究都是在美国做的，因此，其研究结果所反映的也是北美人群的状况。如果把这些结果用在别的人群上，就不免有些冒失。因此，到目前为止，幸福这个概念的定义是建立在某个特定的文化上的。下面我们就来举个例子吧。

爱德华·迪纳指导的几项关于幸福之文化区别的研究得出结论说，美洲人（其中包括加拿大人）的幸福程度大概在80%，而日本人就只有弱弱的40%了。这是不是说前者比后者幸福？也不一定。我们应该这样来理解这个结果：前者涉及的是一个个人主义社会的公民，他们可能更喜欢把成就归功于自己，保护他们的自我和寻求与众不同。可能他们自我感觉良好，而别人在他们眼里就不怎么良好了。所以，他们中大部分人说自己是幸福的，或者其实是说比地球上所有其他人都要更幸福，这就不足为怪了！

很多亚洲国家，尤其是日本，个人的安康是不大被重视的。他们从小接受的教育要求他们克制感情，融入集体生活，并肯定别人的成就。他们学习得更多的是怎样成为一个谦逊的公民，不是自我肯定，而是自我批评。在东亚，人们更多地用外人的期待和眼光而不是自我的主观感觉来评价自己的安康程度。这些区别可以解释为什么这些区域的人——并不一定真的就不太幸福——自我评估的个人幸福程度要比北美人的低。

只有等到科学家们开始关心不同文化、不同时代以及男人和女人之间的区别，我们才有可能超越某些错误的孰幸福孰不幸福的想法。

有次我和正在主持几项关于幸福的世界性重大研究的路德·魏荷文会面，他请我搜集和整理魁北克法语研究的相关文献。他想要知道为什么魁北克人做幸福测试得到的结果总是比其他类似区域的结果要弱。他问我："难道魁北克人要比别人过得不幸福吗？还是我们的方法有问题？"我告诉他，我觉得他们不一定比别人不幸福，而是可能比别人更内向。我曾经参加过一个国际会议，身边到处是爱表现的美国人，这些人如果做些关于情绪状态的测试，得到的分数肯定比我的高。可是他们就一定更幸福吗？

国家的繁荣富强与国民的幸福

路德·魏荷文世界资料库（World Data Base，网址为 http://worlddatabaseofhappiness.eur）为幸福与不同文化的关系研究提供了大量信息。另外还有个美国网站（www.worldvalues-survey.org），记录了最近 25 年对世界上 80 个地区超过 10 万人口的调查研究信息。这些调查中便有表述发达国家居民自认为更幸福的。

但是，我们不要忘记这个结论还应该考虑到影响幸福的其他因素。比方说“幸福总收入”，它既不靠这些国家优良的经济发展形势，也不依赖于经济发展带来的生活质量——就拿有利安康的卫生和安全措施来说好了——跟该书讲到的所有其他因素也无关。但这里讲的并不是直接的因果关系。那些最发达国家里未必就住着最幸福的人。世界上有很多贫穷而快乐着的或者富有却不快乐的人。是不是很奇怪？

> 罗伯特·迪纳主持的一项研究证实，在印度加尔各答过着贫困生活的人在很多方面——家庭、友情、情绪、食物、生活乐趣——都要比圣弗朗西斯科的大学生幸福。美国学者安德鲁·所罗门（Andrew Solomon）则声明，在瑞典——一个出了名的生活质量令人羡慕的国家——学生的自杀率自 1950 年以来已经上升了 260%。

于是我们看到一个奇怪的现象：无论生存环境如何，世界上大部分人都在用积极的眼光看待他们自己和他们的生活。

玫瑰人生

问一下别人他们是否幸福，如果他们真的觉得自己幸福，他们就会告诉你。他们不仅会说自己幸福，还会很不合逻辑地说自己要比别人更幸福。

> 精神病问题专家、作家克里斯托夫·安德烈在美国说，当我们问不同的人同一个问题："谁能够上天堂？"在比尔·克林顿、戴安娜王妃、迈克尔·乔丹（一个篮球明星）和其他很多人中，特蕾莎修女得到的肯定答案最多（79%）。然后我们再问："那您自己上天堂的机会有多少呢？"我们得到的分数比特蕾莎修女得到的分数还要可观：87%的人相信他们死后会上天堂。想不到吧，认为自己能上天堂的人比认为特蕾莎修女能上天堂的人还要多！

大部分人对自己的评价都会高过其他大部分人。是不是不应该？然而事实是，他们就是这么自我感觉的：比别人更好，也更吸引人。在社会心理学上这叫作"过度自信效应"，这种现象在全球各个国家都有。但是，正如我前文讲到的那样，在亚洲国家这种现象不太明显，而在日本这个格外重视谦逊和自我批评的国家，它几乎不存在。就连在考试中成绩最好的日本青少年，也不会说自己比别人更优秀，亦不会这样认为。

因此，我们大部分人眼中的人生都是玫瑰色的，他们总是自我感觉"比一般人要好点儿"。克里斯托夫·安德烈引用了另外一些研究数据，这些数据显示，90%的公司领导人和大学教授自认为比一般人杰出。96%的学生认为自己比别人出色。也就是说，大部分人轻度地高估了自己的能力、智力和交际能力。最不可思议的是，这些人中大部分人并不觉得自己高估了自己（他们对自己的高估是在无意识中进行的），却认为其他人绝大多数都犯了这个错误！

自认为最优秀的错觉

如何解释“过度自信效应”这个现象呢？我们已经知道，每个人都有根据他对现实的认识来选择性地收集信息的强烈倾向。每个人最后都会以为他的感知等同于现实，他的看法是理性、客观的。于是每个人都觉得自己是对的，而别人是错的。最无法令人相信的是，当我们让几个人互相对比的时候，几乎每个人都觉得自己要比别人优秀。

关于这个问题，乔纳森·海特解释说，是人类感知功能方面的不明确性造成了我们对自己的高估。用简单的话来解释就是：当事物很明确的时候，人类就会比较谦逊。比如“你多高？多重？哪一天出生的？”这些问题都是很明确的，其答案也不能美化修饰。“你幸福吗？你是不是个好的生意合作人？你是梦中情人吗？”这些问题就带有模棱两可的性质了。结果是，我们很容易以为自己更幸福，但是比较不容易以为自己还很年轻！也不全对，有些人是连这个都能幻想的……

幸福是一个主观感知的问题，它既不能反映现实，也体现不出客观性。最幸福的人并不是最富有的人，而是那些能够更加积极地看待他们所拥有的一切的人。幸福也不由住所决定，而是与我们眼里在这个地方度过的每一天给我们带来的快乐有关。

而当研究者询问“是什么令您觉得幸福？工作能够给您带来幸福

吗？您觉得智商或者年纪与幸福有关吗？”的时候，他们又有什么发现呢？让我们来看一下他们的回答。

工作能带来快乐吗？

工作能够给我们带来快乐吗？有时候“能”，有时候“不能”。事实上，根据在牛津大学教了多年社会心理学、《英国社会和临床心理学日报》（*British Journal of Social and Clinical Psychology*）创始人之一的麦克·阿盖尔教授（Michael Argyle）的观点，这是一种双向的关系：一方面，似乎那些幸福的人能够找到更令人满意的工作；而另一方面，一个令人满意的工作通常使人更幸福。

另外，安康和工作之间并不一定有必然关系。对有些人而言，工作能够让他更开心，这点显而易见，因为开心的人比那些不开心的人工作得更多。但是，对另外一些人而言，工作则是他们生活中所有不幸的源泉。

自决理论

只要工作能够满足我们某些基本需要，那么它就是一份令人满意的工作。根据罗彻斯特大学的爱德华·德西（Edward Deci）和理查德·瑞恩（Richard Ryan）两位心理学教授的自决理论，人类心理安康有三种基本需要：对自主权的需要、对能力发挥的需要和对人际关系的需要。

也就是说，首先，在工作上我们需要能够自主判断并决定我们的工作方式，也就是“自主权”；其次，工作必须具备一定的挑战性，而我们自我感觉有能力胜任；再则，如果这个工作能够让我们觉得自己是某个团队中的一分子，那么这会让人觉得更舒服。

这些需要是人成长发展的基本精神养料。自决理论明确表示，越是能够让我们实现我们对自主权、能力发挥和人际关系需要的工作，便越是能够让我们在工作中觉得幸福安康。这个理论同样适用于日常生活中的其他活动。

工作：一种迫不得已的痛苦

然而，对有些人而言——事实上，对于大部分工作的人而言——工作远远不是他们快乐的源泉。它更像是一种“迫不得已的痛苦”，唯一的告慰不过是薪水和能够令他们暂时离开工作的假期。

> 麦克·阿盖尔的一项研究显示，21%的人在工作的时候会抱怨头痛，而相对的只有3%的人会在放假的时候如此抱怨。对乏力、烦躁和便秘的抱怨也是一样的数据。

在这个问题上，我们一般都低估了工作上几乎无时不在的压力、烦恼和人际纠纷对我们的重要影响。如果说在工作上度过了顺利的一天之后我们回了家便能够恢复体力，那么一个糟糕的工作日有时候则会带来很坏的影响。不幸的是，我们的爱人、孩子和……家里养的狗经常会成为我们的出气筒，我们向他们发泄工作上的情绪和压力。

如果说工作不一定能让你幸福，那么失业则肯定是能够让你沮丧的。除非能够从中获益或者能够借此机会为事业重新确定方向。大部分人在被迫下岗以后感到的那种痛苦要比做一份不满意的工作时感到的痛苦更甚，这样的情绪可能会影响到很多方面。失去工作会让人抑郁，也会让人对自己失去信心，两者都会对安康产生不好影响。我们同时也注意到，失业者生病、抑郁、自杀或酗酒的概率都会更高。

同时，我们也可以认为并不是工作性质影响了我们的安康程度，或给失去工作的人带来了痛苦，而是工作它是我们与人交流的纽带。工作让人开心主要是因为它使我们经常有机会与人接触，并且有时候还能给我们带来某种归属感。失去工作令人痛苦，因为它使人变得孤立了。

做义工，告别抑郁

因此，工作所体现出来的价值不仅仅是薪水，还有它给我们带来的社会圈子和人际关系。那么，没有薪水报酬的义工又该怎么看待呢?

如果你觉得义工是没什么价值的工作，那你就错了。研究证明，做义工的人要比别人更开心也更健康。不管是大人还是小孩，做义工都是一件有益的事，而对本来不开心的人而言，益处则更大。

> 我认识一个人，他是一家营运不错的公司的老板。一切都貌似很顺利，直到他的个人生活有了不尽人意的变故：与他结婚30年了的太太突然得了严重的抑郁症，然后离开了他。
>
> 家里的气氛在他太太还没有离开的时候就已经很紧张了，为了能够换换心情，他开始帮一个粮食救济组织做些事情，凭借他在会计方面的技能，他成了该组织的一名义

工。他的工作是接触那些生活条件不如意的人，然后根据他们的需要拟定救济配额。

自从做了义工，他的生活有了意想不到的变化。这份工作改变了他的世界观，从那以后他不仅每周按时做义工和在自己公司做事，他还开始冥想、遛狗和旅行。他学会了弹吉他，也开始从经济和精神上支持自己的孩子。

每当我想到一个像他这样的男人有一天会因为帮助那些和他原本根本不会有交集的人而开心，便觉得我们每个人都应该这么做！

关于做义工，一个众所周知的发现就是，当我们关心别人的时候，自己也会开心。反之，抑郁症的表现症状之一就是以自我为中心。很难承认这一点，是不是？那是肯定的。这并不能准确描述抑郁症患者遭受的巨大痛苦，他们在他们那自我感觉沉重异常的难过和乏力中迷失了自己。然而，根据塞利格曼的说法，一个抑郁的人想自己想得太多了。如果他总是想着自己的错误和遗憾，那他便会毁了自己，因为总是盯着那些不开心的事只会令他更加不开心。减轻抑郁症的一个办法就是做与他们最常做的事——离群索居——相反的事。即使是在沮丧的时候，把时间贡献给别人还是能够让人觉得自己并不孤单，而且他的存在有一定价值。

义工是一种很有效的治疗手段。它对有抑郁症、焦虑症、孤僻症或自杀倾向的人的治疗和康复都有很大的帮助。它可以让人远离他的个人困难，给他带来愉快的心情，并忘记那些消沉的思想。

做义工对每个人都有好处，它的有益之处——让人更健康、更长寿——在老年人身上体现得尤其明显，如果这份义工还能够给他们提供与人交流的机会，那效果就更大了。跟我们的常规认识相反，对老年人而言，似乎付出比得到对他们更有利。

幸福跟受教育程度和智商有关吗？

幸福跟受教育程度和智商有关吗？无关。连考虑都不用考虑！受过教育的人不比没受过教育的人更幸福。上大学接受高等教育并不意味着可以从此远离心理问题。同样，智商高过普通人的人也不一定更幸福。

首先，我们要承认，受过教育的人因为培养和发展了某些能力而更容易实现目标。与一个连初中都没有毕业的人相比，一个大学生更容易找到一份好工作——不仅待遇好，前途也好——而前者很可能在工厂流水线上做个工人就算了。后者最终有可能会对生活更满意，因为他的择业机会更多，收入更丰厚，感觉也更自由，而这些都能够加强他的自我肯定。

但尽管如此，如果我们整体考虑所有可以影响安康的因素，就会发现他也不见得就是开心得如同上了七重天（西方传说中的至善之地。——译者注）。高智商的人也是同样的道理。就像我们说的，天才并不一定就比笨蛋幸福。

仔细想想，反之倒是可能的：我注意到有时候那些懂的东西少的人想得也少，他们满足于现状。甚至那些“简单”的人看上去似乎更无忧无虑，活得也更开心。而且，智力相对较弱的人可能会有一些别人没有的优点：他们可能会更大方、更有一颗感恩之心、更放松、更随和，而这些性格都能令人更开心。

我曾经为一些精神和身体都有障碍的孩子工作过。我们组织的活动有时候会正好和那些“正常”孩子在同一个地方。这样我们便有机会观察了两组孩子的不同表现，以及他们的组和组之间的界限。虽然相对其他孩子，我们的孩子玩起来显得没那么机灵，也没那么敏捷，但是，他们的笑容却更有感染力，他们快乐的时候也更加兴高采烈。那些偶然的小小惊喜给他们带来的快乐是如此强烈，我们几乎可以感觉到他们的心脏就要跳出胸膛了！这跟那些“正常”孩子时不时地没精打采很不协调，他们似乎总是觉得得到的不够多。我们这组孩子尽管有生理缺陷，但却是幸福模范。

杰出未必就幸福

为什么有智慧未必就幸福？原因很简单：他们看到了他们所拥有的，但与此同时他们也很注意他们所没有的，而对自己没有的东西的关注使他们不开心。

对那些杰出的人来说，任何事情都意味着多重可能，而这些可能性既能令人快乐，也能令人不快乐。而且，他们不仅会花很多时间去思考、酝酿各种想法，还会花更多的时间去犹豫和焦虑不安。其实聪明人和简单的人有着同样的走向幸福的机会，就看他们怎样利用他们的聪明才智了。

所以说，幸福无关乎智慧，至少跟智商测试测出来的智商无关。顺便说一下，一个受过教育的人未必就是一个聪明人：教育，甚至智商，跟实际上的智慧的关系很小。

想象一下，有两个特别杰出的人，他们收获了一大堆头衔和学历证书。其中一人是教授，是广泛性行为障碍治疗研究领域的主要研究者；另一人则是神经生物学博士，且成功地完成了关于依赖性的分子活动的博士后研究。这些令人敬畏的头衔更多地证明了他们在实验室度过的时间，而不是在现实中帮助过多少人。但终究是很令人敬畏的！我们会觉得他们都是杰出人物，拥有超人一等的头脑。

只是，你可知某些天才的社会生活能力有时候会有多差吗？有时候他们根本不懂得倾听别人的意见，或表现得稍微感性一点、人性化一点。有时候他们连最基本的人际关系都不懂得处理，他们的大脑还会时不时空想一些并不存在的问题。还有一些人在做事的时候既无组织，也无计划。问题在于他们来自一个很封闭的世界，在那个世界里他们如鱼得水，但不幸的是，这个封闭的世界跟实际生活几乎毫不相干，那些实际生活中的规则和要求他们一概不懂。

情绪智力

智力是根据情况所需利用自己本身所拥有资源的能力。换句话说，智力包括在特定情况下对应该采取的行动做出最佳判断和选择，并懂得将自己所知用于实践。它跟直觉和动物身上的本能很接近，与个人的知识量毫无关系。智力有很多种，其中的情绪智力（又叫情绪控制能力）无疑是安康的最佳预言者。

心理学家丹尼尔·戈尔曼（Daniel Goleman）引入的情绪智力这个概念，指的是准确地辨别自己的情绪，并用适当的方式来将之表达出来的能力。是懂得灵活调整和运用自己的生活经验，以便更好地面对和适应不同的场合。它不仅要求我们能够清楚我们自己的感受和情绪，还要能够领会别人的感受。

关于情绪智力的研究才刚刚开始，但这个领域肯定是会大有作为的。实际上它促使我们利用从社会生活中所获得的资源重新定义人类智力的概念。比如，我们发现，与自己的亲人、朋友和同事的感受“和谐”或者“不和谐”的能力是有决定意义的。这是可靠关系的关键。我们下文会再讲到。

| 你是否觉得年轻人要比老年人幸福？ |

有这样一句老话：“如果年轻人有经验，老年人有精力，那该多好啊。”（Si jeunesse savait et si vieillesse pouvait.）我们大部分人记忆中的20来岁都是人生中相对没有烦恼的一段时间。那时候的我们自由自在，也没有什么责任。我们和朋友一起过夜生活。如果有可能，我们还想再尝尝20来岁的日子。但是，如果你现在是一个20岁的学生，你心里想的可能是如果将来能够有一个好工作，能够成家立业，能够有房有车，那你最后就会真的幸福了。

史蒂夫·鲍姆嘉纳和玛丽·克罗瑟斯让我们思考以下问题：在我们这一生里，如果让我们选择哪段时间是我们最不快乐的时候，你选什么时候？老年？还是青少年？似乎自然而然的我们都会认为老年阶段是最不幸福的，因为这时候的我们会有更多的行动不便和健康问题。孤独，以及特别是感觉自己没有价值，是这个死亡和追悼会不断的年龄阶段最明显的情绪。

青少年也是一个令人讨厌的年龄阶段。我们可能感觉自己的生活就好像是被无止境的没有答案的问题淹没了。我们可能会为自己的相貌担心，会因为经济依赖于父母而感觉手脚受缚，会感觉自己内心有个声音在呐喊："啊，自由！"

而事实上，年轻人和老年人都没有更快乐或者更不快乐。在变得更成熟和更睿智的过程中所遇到的大部分困难，他们都会逐渐适应。

年龄并不重要

> 罗纳德·英格哈特认为从 15 岁到 65 岁每个年龄段的人对生活的满意度基本都是一样的。丹尼尔·姆罗切克和斯皮罗·阿芙纶（Spiro Avron）这两位美国学者发现，在 65 岁以前，我们对人生的满意度随着年龄的增长而增长，65 岁之后则会稍微降低，到了 85 岁的时候则下降得特别明显。另外，上了年纪以后我们主观的安康程度和自我评价都会比之前要高。有研究甚至说，安康程度在我们的夕阳岁月里呈上扬趋势。都让人忍不住向往变老了！

有调查得出结论说，所有人中最不开心的是那些刚步入成年的 20 岁到 24 岁的年轻人，而那些上了年纪的 65 岁到 74 岁的老年人的幸福感则是最稳定的。这怎么可能？

今天的孩子们拥有了所有他们上几代人没有的东西，他们甚至还有一个属于他们的国际儿童节！他们在圣诞节的时候被玩具的海洋所淹没，而在以前，孩子们最多只能从袜子里找到几个橙子。如今每个孩子都有属于他自己的自行车和轮滑鞋，很多人还有 iPod、DS 游戏机，以及属于他们自己的房间和很多新衣服。每年，有的孩子会去海边度假，有的会去参观文化景点，还有的会去夏令营，会上音乐课或者参加某个运动俱乐部。他们去集市玩，吃五颜六色的棉花糖。在万圣节，每个孩子收集到的糖果——和蛀牙——都比以前整个小区的孩子所能收集到的都要多。年轻人生活的世界里有发达的通讯、先进的科技、舒适的物质条件，还有言论自由和身边无尽的探索和发现机会。然而，他们却并不开心。

年轻似乎并不如媒体所竭力宣传的那样能够给人带来幸福。或许，其实年轻所拥有的一切最终并不能够把他们带向幸福。这个事实令人震惊：以前很少有未成年人得抑郁症，而如今，很多 11 岁到 15 岁的青少年曾有过抑郁症。他们上几代人的生活似乎更幸福，也更稳定。

为了能够幸福地生活，老人又是怎么做的呢？

那么老人为了能幸福地生活又是怎么做的呢？眼看着自己耳渐渐不聪，目渐渐不明，身体一日不如一日，他们是如何保持平常心的？

> 我有一个老师，是个怪才，他曾经让我们做了一个练习来明白“衰老”的含义。他让我们在鞋子里放些小石子，然后穿着这样鞋子走路来感受小石子带来的不舒服。他让我们明白，那些身体器官功能渐失的老人每天面临的困难就如同我们在鞋里放上小石子所带来的不便。

我们自己也可以试下在鞋里放些小石子，戴一副模糊的眼镜，用轮椅代步，穿上笨重的衣服，体验一下身体行动不便的感觉。那么那些老人又是如何在这么困难的条件下依旧做到享受生活的呢？答案首先要从神经学上找。

> 美国南卡罗来纳大学老人学和心理学教授玛拉·马瑟（Mara Mather）解释说，老年人大脑中接受和处理负面信息的神经元的活动随着年龄的增长而减弱，而那些处理正面信息的神经元的活动则不受年龄影响，甚至反而会随着年龄的增长而增强。就像罗伯特·艾蒙斯说的，这是可以期待的衰老带给我们的好处之一。

事实上，年纪不只是带来身体变化，它也给我们带来了智慧，让我们学会了尽情享受活着的每一天。劳拉·卡斯滕森（Laura Carstensen）说，“老人家”能够做到这一点主要是因为他们能够意识到自己的生命有限。而年轻人眼里的生命却是没有尽头的，也就是说，他们总是相信来日方长。而当我们明白其实我们剩下的时光有限时，我们就会彻底改变生活的重心。老人知道人生剩余时间有限，所以他们要充分享受活着的每一天。

现在比未来重要

20 来岁的年轻人还有很多事情要完成。他们的事业和生活就像一天中的黎明一样，刚刚绽开曙光，他们还有很多野心和理想要实现。为了梦想，他们要做的还有很多，但是他们也有的是时间。年纪大点儿了的时候，对于那种起码 30 年后才能看见成效的计划我们是想都不会去想了。除非有老年奥林匹克，否则，到了一定年纪的人还想成为奥林匹克赛跑运动员则是完全不现实的。

根据劳拉·卡斯滕森的社会情绪选择理论，当人意识到自己所剩时间不多时，他们会更多地把生活的重心从未来转移到现在上来。那些“上了年纪的人”不会在那些只有在他们碰触不到的遥远的未来才能见到收益的项目上投资。他们更欣赏他们有能力享受、得到的开心时刻。他们也更喜欢那些适合他们的活动，那些能让他们感觉精神的日常事物，以及与他们所珍视的人之间的关系。

在人际关系的问题上，相比一个不断有不大熟悉的新人加入的庞大社交圈，他们更喜欢和少数几个深交的人在一起。换句话说，质量高于数量。他们想办法和挚交碰面，并避免和不相干的人打交道。在夫妻关系里，他们一般不会去追求支配另一半，或者对另一半炫耀什么，他们最想要的不过是维持关系。

> 劳拉·卡斯滕森及其同事们的研究认为，与年轻夫妻相比，老年夫妻在发生争执时会表现出更多的感情和更少的愤怒。如此看来，貌似只要有耐心——尤其是耐心——结婚时间越长，其中的满足感和亲密度也会越浓厚，尤其是当我们的生命走到尽头的那最后几年里。

秘密就是弱化情感强度

对那些家有叛逆期青少年的父母而言，“情感强度的弱化”现象的存在是个好消息。但坏消息是：这种现象只有在上了年纪的时候才会出现。

> 心理学家米哈里·齐克森米哈里和瑞德·拉森（Reed Larson）在一项研究中邀请了几个青春期少年，把他们在一天中几个不同时刻的精神状态记录下来。如果你知道这些年轻人能够在心情沮丧阴郁之后的一个小时之内又狂喜，你会觉得惊讶吗？另外，他们还发现，在年龄介于 18 岁到 60 岁的人群中，那些阴暗的想法和阴郁的情绪随着年龄的增长而减弱，之后在某个较老的年龄段以后又变稳定了。

你知道的，年轻人的情绪转变很快，而且总是出乎意料。这样的情绪变化也解释了为什么我们统计出来的老年人和年轻人总体上对生活的满意度相近。年轻人生活中的情绪起伏最终互相抵消了彼此的作用。在下图中，15 岁的尼古拉斯和 60 岁的艾米莉的平均安康值相等，区别在于情绪的强度不同。

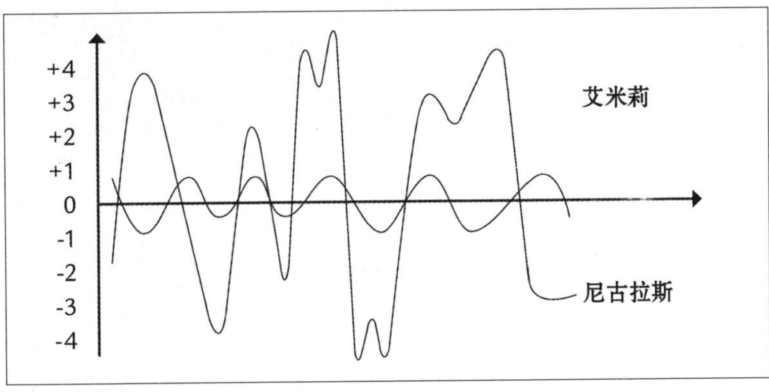

正如我前文讲到的那样，我们在将男女之间的情感强度做对比的时候观察到了同样的现象。因此，从逻辑上来说，青春期女孩的情绪是最激烈的。某些家有青春期女儿的家长明白我在说些什么。

相反，上了年纪的人的一个显著特点是稳定性，也就是说他们的情绪起伏很有节制。这当然不是说他们没有任何情绪，而是经验让他们学会了在面对那些反正都不过是暂时的局面的时候既不要太激动，也不要太担心。这种精神状态的温和化是积极的，因为就像我们前面给大家展示的那样，安康水平会随着岁月增长，而负面情绪则在岁月中减弱。

第11章 金钱买不到幸福

> 金钱
> 它买得到房子，但买不到家；
> 它买得到床，但买不到睡眠；
> 它买得到钟表，但买不到时间；
> 它买得到书，但买不到知识；
> 它买得到职位，但是买不到尊敬；
> 它买得到药品，但买不到健康；
> 它买得到血液，但买不到生命；
> 它买得到性，但买不到爱情！
>
> ——中国老话

住所、工作、教育或者智商，还有年纪，都是能够不同程度地影响幸福的因素。那么我们赚来的、花掉的或者紧缺的钱，对幸福又起到什么作用呢？

有人说金钱可以带来幸福，也有人持相反观点。近50年来，大部分西方国家居民的生活水平都有了大幅提高，但是，他们并没有显得比他们的父辈和祖辈更幸福或更满足。爱德华·迪纳和马丁·塞利格曼指出，当人比原来富有两倍到三倍的时候，他们可能也会比原来抑郁十倍。2000年初问世的一个世界健康报告显示，目前全世界每年有2%的人因自杀死亡，这个数据大于战争带来的死亡人数，也大于他杀死亡人数！幸福水平，它并没有提高！

幸福曲线基本维持在“平坦”的程度，你们信也好，不信也好，如今人们普遍认为要在我们所生活的这个现代化社会获得幸福很困难。更令人气馁的是，皮埃尔·科迪主持的某项调查表明，只有不到27%的人相信明天会更好。

越有钱就越幸福吗？

但是，这些统计数据也是具有误导性的，尤其是当我们反过来看的时候。反过来，有可靠研究证实，事实上我们越幸福，赚的钱就越多。确实，似乎幸福的人变富的概率更大。我们可以预言那些开心的年轻人要比那些整天心情阴郁的同龄人更有钱途，这样的预言一般不大会错。

但是，就好像所有研究得到的所有信息一样，对于这些信息我们也不能囫囵吞枣，一概而论。相比别的青年，一个懂得用积极的眼光看待人生的年轻人会更富有。但是，爱德华·迪纳和罗伯特·迪纳父子说，如果我们可以给他一个建议的话，我们会对他说，不要变成太富有的人！金钱上的宽裕超过某个程度以后，钱便失去了它的重要性。更糟糕的是，赚太多的钱会给我们带来一些于幸福无益的愿望和期待。而这还不是矛盾的全部。下面让我们来更加深入地看看这个问题。

为什么幸福的人会更富有?

幸福的人能够更富有，这主要是因为他们的积极态度能够在他人身上产生积极的效果，使他人反过来又用积极态度来回应他们。一个快乐的人在街上碰到一个陌生人——然后他把自己的幸福表露出来——他会让这个陌生人被感染得也面带微笑。如果他处于工作环境中，且经常跟老板一起工作，那么这些积极回应有可能变成……升职的形式！那些快乐的人就是因为这样所以能够吸引“财富”。

让我们更深入一点来说。个人的态度对他自己和他人都有影响。态度影响了情绪，而情绪又影响了我们的世界观和我们为人处世的方法。后两者形成了相应的别人对我们的态度的主导因素。比方说，如果我们很沮丧——或者如果我们看上去很沮丧——那别人注意到的就是那些令我们沮丧的事和我们那些精神不振的表现。

相反，如果我们是开心的——或者如果我们看上去很开心——那么很有可能我们眼里看到的也都是事物积极的一面，我们的行动表现也会是一个幸福之人的表现。这样的幸福感觉对我们自身的影响非常之大，很有可能会潜在地增强我们的自信心。我们会自我感觉更有能力，而且——请不要惊讶——我们确实是更有能力了。别人会注意到——通常是无意识的——我们的姿态，然后他们对此做出的反应则会肯定我们对自己的认识。

爱德华·迪纳用研究证明，这就是发生在那些有着积极态度的人身上的现象。积极的生活态度能够影响别人：它可以把人吸引过来。确实，人们喜欢和快乐的人交往，喜欢和他们做同事。在工作中，似乎那些积极的人的意见和想法更容易被接受。是否“讨人喜欢”也是雇主评价员工工作态度和考核工作能力的标准之一——虽然这个标准未必是官方明言的。积极的人还能从“光环效应”中得益，因此，当两个员工能力相当的时候，他们的上级总是会选择把任务交给其中讨人喜欢的那个，而不是讨人厌的那个。

史高治叔叔、格林奇和塞拉芬

尽管上文讲到这些，我们还是不得不承认，富豪并不都是幸福的。只要翻开几本八卦杂志就可以看到那些“富有的名人”有时候过着无比恐怖，毫不令人向往的生活。

你还记得唐老鸭动画故事中的史高治叔叔吗？这个吝啬的大富豪大概是我们童年生活中最可恶的人物，所有迪士尼动画的小粉丝都讨厌他。不久之后，美国人又为这个吝啬鬼找到了与之旗鼓相当的替身。在朗·霍华德（Ron Howard）导演的通俗电影《圣诞怪杰》中，金·凯瑞演了一个名为“格林奇”（Grincheux，意为扫兴的人。——译者注）的人，而这个人也真的是名副其实地叫人讨厌。一个如此令人讨厌、如此可恶的人当然是憎恶生活中的快乐的！在魁北克，每个人都记得塞拉芬·布得利尔（Séraphin Poudrier），一个来自克劳德-亨利·格力浓（Claude-Henri Grignon）写的《男人和他的罪孽》（*Un homme et son péché*）一书中的人物，该书后被改编成名为“佩德恩浩特的美丽故事”（*Belles Histoires des Pays-d'en-Haut*）的电视连续剧。这些电视或电影中的虚拟人物是我们现实生活中某些粗俗人物的夸张表现，他们就是我们身边那些不快乐的暴发户。为什么这些人会过得如此苦恼？

这些富豪不幸生活的源泉之一是物质主义的副作用，也就是以研究幸福和物质主义而著称的美国心理学家蒂姆·卡塞尔（Tim Kasser）所说的“物质主义的高昂代价”。与那些认为人生价值不靠物质来体现的人相比，那些认为金钱和物质无比重要的人比较不开心。一方面，这是因为对金钱和物质财产不惜一切代价的追求和那些有益幸福的条件是相互矛盾的。当我们把注意力集中到某个并不能带给我们幸福的事情上时，我们便与幸福失之交臂了。另一方面，为了赚钱，有些人会把很多时间花在工作上，会加很多班，而这必然会导致生活质量的下降。而且，也有人可能因为在生活其他方面得不到满足而试图用物质来补偿，比方说，一辆漂亮的汽车或许就是为了掩盖其主人的不自信。

收入和幸福指数的关系

科学家们曾经做过多项调查研究去了解一个国家的发达程度和它的居民平均幸福指数之间的关系。他们曾试着给每个不同的国家指定一个幸福等级。你猜哪个国家的居民是最幸福的？

如果你猜的是瑞士，那就对了。丹麦和加拿大也是幸福的天堂，分别位居第二和第三。那你觉得哪个国家居民的收入最高呢？对了，的确是美国。但是，这个国家的幸福指数只位居第六。德国是第二富裕的国家，但是其居民幸福等级仅位于第 14 名。之后第三富裕的是日本人，而其居民的幸福指数位列第 20 名。

于是，一个国家的发达程度与其居民的幸福指数的关系似乎并不大。爱尔兰岛的居民是世界上第四幸福的民族，他们拿着美国人一半的收入，却比美国人幸福。巴西人的幸福指数只比爱尔兰居民差一点点，而他们的收入不及美国人的1/4。中国人、印度人和尼日利亚人几乎和美国人一样幸福，而他们赚的不过是美国人1/10的薪水，不是吗？所以，重新定义生活中的优先权是必需的！

以为生活在一个富裕的国家就必然在各方面都有优势的想法是错误的。路德·魏荷文在这个课题上研究了50年，他知道，如果我们只看一两个比较性研究，确实可能会以为某个国家的居民要比另外一个国家的居民幸福。就拿南美人来说吧，他们是出了名的不管在什么情况下都能保持好心态的人。然而，与那些国际幸福调查研究得出的指数相反，当我们把所有的研究都放在一起，并且把所有与安康有关的因素都考虑在内时，我们很难会觉得某个国家的居民——哪怕是南美的居民——比别的国家的居民幸福。

在同一个国家里，且不去管它是富裕国还是贫穷国，各项研究同样很难明确表现人与人之间幸福指数的差别。其中在美国的研究显示，幸福指数的差别在薪水超过5万美金的人群中几乎完全消失了。迪纳父子甚至给我们带来这样令人吃惊的结果：安康水平可能随着收入的减少而提高。这符合逻辑吗？如果收入的减少可以带来相对更重要的“压力和约束的减少、空闲时间的增加，并最终带来生活质量的提高”，那么这个结论就是符合逻辑的。

另外，金钱最能影响幸福的是那些极其贫穷的或者贫富差距悬殊的地方。爱德华·迪纳和塞利格曼说，对那些赤贫的人而言，金钱的重要性尤其明显。我们明白，那些每天都在为吃穿住行和健康发愁的人的安康水平自然是相对较低的。但是，一旦他们的基本需求得到了满足，金钱的作用立刻就变得很小了。我们可以想象，你无法在印度加尔各答的某个贫民窟里找到幸福。但就像我们前面看到的那样，这也不是那么绝对的。比方说，如果我们给一个富人和一个穷人同一样东西，穷人会显得比富人开心很多。送穷人的孩子一件礼物，你就会看到他脸上幸福的样子。在这一点上，“贫穷的财富”是让人保持了对人生中的礼物的感激之情。

“国民幸福总值”

马修·李卡德说，不丹王国的人怎么都想不通为什么有人会因为在股市输了钱而自杀。他们觉得如果有人因为钱而自杀，那只能说明他们的生命真的不值钱。

不丹王国是位于喜马拉雅山脉的一个不发达小国。李卡德说，这个国家很穷，但不悲惨。除了首都的 3 万居民，每个家庭都具备足够维持生存的条件：一块土地和风景壮丽的山坡上的牲畜，在那里我们能够听到农民的歌声。这位僧侣还说，在 2002 年的一次世界银行论坛上，不丹代表说，虽然他们国家的国民生产总值不怎么样，但是，他却有足够的理由为他们国家的“国民幸福总值”而自豪。

不丹王国就是金钱悖论的一个典型例子。确实，有些地区的经济和文化参数从逻辑上来说理应带来较高的安康指数，可是，相比另外一些穷得我们原本无法想象会有高幸福指数的国家，偏偏那里的幸福指数相对而言却很低。那些周游世界的旅行家们知道，幸福它就在转角处，在一个除了头上的太阳和一颗单纯赤诚的心便什么都没有了的孩子脸上的笑容里。

穷并快乐着

在我们小时候，父母带着我们来到了非洲喀麦隆国雅温得市附近一个叫民它的偏远乡村生活。当母亲去诊所上班、父亲去给人挖井的时候，我们就去学校上学。

我们刚到非洲的时候心里充满了偏见。我们以为将要面对的是那些觊觎我们的食物和金钱的穷“黑鬼”，但是，我们非常惊讶地发现这个民族的人天生大方、独立、和平、自由和从容！他们远不是、远远不是我们想象中的那些人，甚至也远远不是像我们自己这样的以自我为中心、易怒和焦虑。从那以后，我看待生活的眼光改变了。

30年后，我让我儿子也有机会经历了同样的生活；我们来到了马达加斯加，这个世界最穷的国家之一。他被眼前的景象震惊了：孩子们在首都要饭、小女孩的母亲在马路上卖淫而她们在一边干活儿、男人在垃圾箱里觅食、肮脏破烂的房子、肮脏破烂的房子主人。我想，现在我儿子也不会再像以前那样看待生活了。这些只能玩石头和自己的手指、不知道什么是掌上游戏机和任天堂、也不知道风火轮和其他玩具的孩子，让他明白了物品的真正意义。

如果说这类旅行能够让我们受到什么启发的话，那就是国民幸福总值和国民生产总值之间没有多大的因果关系。简而言之，我们可以穷并幸福着，正如我们也可以虽然富裕却过得非常不幸一样。

有研究证明，穷人的孩子眼中的一块零钱要比富人的孩子眼中同样的一块零钱更值钱。我们还在一项研究中得到一个有趣的发现：如果金钱对有些人而言很重要，那么，其实只要很少一点钱就能令他们开心。据评估结果显示，那些偶然捡到了一角钱的人对其人生整体的

（也就是说他们总的一生）满意度明显要高于其他没捡到钱的人。这项研究也是我们对幸福所做的研究中成本最低的一项。

金钱带来的幸福如昙花一现

罗伯特·艾蒙斯说，传说中的乐观主义者吉尔伯特·切斯特顿（Gilbert Chesterton）曾说过，我们从来不缺幸福的机缘，因为在人生的每个转角都有一个新的礼物在等着让我们大吃一惊。只要我们能够很好地控制自己与人攀比和贪得无厌的个性，就会看到命运对我们的慷慨。

面对幸福机缘时所持的态度要比我们银行账户里的数字重要多了。哪怕是含着金钥匙出生的，就像法国漫画《高卢英雄传》中喝了魔力汤的奥勃利一样，如果情绪已在最低谷，大笔的财富又有什么用呢？我们大家都认识一两个那样的朋友或亲戚，他们具备可以“幸福的一切条件”，可他们却偏偏有种可以扰乱所有兴致的“不幸天赋”。

与这种人相反的是——大家还记得前文讲到过的玫瑰吗？她让人觉得她的每一天即使很平凡也是生命给她的礼物。她很清楚“金钱买不到幸福”。我们中大部分人都相信这句格言，但是，如果我们仔细观察一下，便会发现，我们实际所做的却都是与之相悖的：我们的生活方式让我们觉得如果我们可以更有钱，就会更幸福，而既然我们没有更多的钱，也就不可能更幸福。

然而，如果金钱不是衡量幸福的最佳指数，那么用金钱可以换来的物质呢？在这个问题上我们原本想当然的答案其实也并非完全如此。根据心理学家利夫·万·博文（Leaf Van Boven）和托马斯·季洛维奇

（Thomas Gilovich）的观点，把钱花在像旅行、听音乐会、休闲这样的体验上比花在买服装、电器或者房产之类的物质上更让人开心。

从这个意义上来说，金钱确实可以买到幸福。但是，购物所能给我们带来的幸福感在新鲜感过去之后会转瞬即逝。对我们所没有的物质的追求和等待是幸福感的源泉，真的！然而，有时候一旦我们的愿望变成了物质，则在得到物质的几乎同时，幸福感消失殆尽。心理学家丹尼尔·吉尔伯特（Daniel Gilbert）说："我们以为金钱能够给我们带来很多长久的幸福，但事实上，它只能带来很少且只能维持很短时间的幸福。"

另外，幸福源于稀缺胜于充裕！多年前有一篇文章给我留下了深刻印象，文章说，父母应该避免孩子要什么就立刻给什么，他们应该让孩子带着渴望生活。如此，父母就要做到自律，要有意识地让孩子等待，从长远来看，这样做是很有益处的。想象一下某个投资，其效益要在……孩子青少年的时候才能看到！

让你年幼或已经是青少年的孩子，或者你自己做做下面这个练习看看。想着你所拥有的，然后用你想到的给下面这两句话填空："拥有……我很开心"，或者"作为……我很开心"。这些可以让我们的大脑不再因为惦记着得不到的东西而痛苦，转而可能因为想着我们所拥有的而更开心。

非必需品对我们的控制

与人攀比是没有止境的。看看我们周围，我们肯定会觉得"邻居家的草坪更绿"。再把目光放远一点，自从有了网络，我们总能通过谷歌找到比我们更富有、更年轻、更漂亮、更杰出的人。我们总有嫉妒别人和对自己失望的时候。

《芝加哥论坛报》有项调查表明，那些薪水为 3 万美金的人觉得如果他们的薪水达到 5 万美金他们会觉得更满足；而那些薪水为 10 万美金的人则认为，如果他们薪水达到 25 万美金，他们会更幸福。得陇望蜀，没个尽头。

> 和很多人一样，我错误地以为从事高薪的工作会比做低薪的工作更开心。其丰厚的报酬满足了我的物质需求。但是我忘了报酬高的工作，要求同样也高，两者是成正比的。我选择的这份高薪工作使我在过去的 20 年里总是忙着一些“重要性很高”的事。为了向上司和同事们证明我有能力胜任这份工作，很多时候我都加班到深夜，甚至连周末都在上班。当然，如果我选择的是一份没有压力的工作，我大概就不可能负担得起我们每年的旅行、度假费用，也买不起我儿子喜欢的电子游戏，付不起他那昂贵的夏令营费用了。但是，如果那样，我就会有时间和先生、儿子一起享受天伦之乐了。你的选择又是什么呢?

史蒂夫·鲍姆嘉纳和玛丽·克罗瑟斯建议我们做一下下面这个练习：试想今年你的薪水上涨了 1 万美金，也就是说，如果你现在赚的是 3 万美金，那你现在就想你挣的是 4 万美金，而如果现在是 6 万，你就想 7 万，以此类推。因为多赚了钱，现在你可以买一些你想要的东西，比如一辆新车、一座乡间别墅或者一次梦想中的旅行。一旦你的房子和车子买了，旅行也去过了——当然这一切让你很开心——你剩下来的可能就只是你前几年节约下来的钱了，甚至可能你支付出去的比这还多，于是你不得不省吃俭用了。这时候你梦想中的薪水就会更高，5 万或者 8 万美金。

迪纳父子用这样的方程式描述该现象：收入高低无关紧要，我们赚 2 万的薪水也好，赚 10 万的薪水也好，或者我们开的是新宝马也好，是旧雪弗兰也好，最重要的是薪水足够满足生活所需。从这个意义上来说，如果我们的需求不多，那么一份很低的收入就能满足我们。根据这个方程式我们可以想象：我们所拥有的越是超过我们所期望的，我们幸福的可能性也越大。

$$幸福 = \frac{我们所拥有的}{我们想要的}$$

关键是薪水的增加往往伴随着欲望的上涨。这样的欲望会被认为是越来越明确的“需求”：拥有一件有某种特定功能的家电、某个特定牌子的时装或电视上看到的那些玩具。大人跟小孩一样，都有他们的需求！ 作家格雷格·伊斯特布鲁克（Gregg Easterbrook）就非必需品对我们的控制这一课题写了《美国人何以如此郁闷——进步的悖论》（*The Progress Paradox: How Life Gets Better while People Feel Worse*）一书。他认为，人们随着生活水平的提高却越来越不开心是一件很荒谬的事。他指出，伴随着人们的需求的，似乎总有一些无用的欲望，比如，把所有物质财产放到一座大房子里，而房子里的步入式衣柜大如房间。

大部分人不管他们已经拥有了多少，都还会想要更多。虽然希望生活更美好的想法并没有错，但是，近 30 年来，认为金钱代表一切的想法确实也越来越严重。比如，在 1998 年的美国，75%的学生都会担心钱的问题，钱是他们的主要奋斗目标之一；而在 1970 年时，只有 39%的学生会想到这个问题。

内心的空虚

吹毛求疵的批评家会说，事物不会因为所有人对它垂涎不已就一定会给人带来幸福。“欲望可以把我们变成奴隶。于是我们都变成了贪得无厌的木偶人。”罗伯特·艾蒙斯借《叔本华人生哲学》里的话如是说。我们成了被我们自己的贪欲所牵引、所摆布的小木偶。

关于这个问题，美国精神病专家菲利普·库什曼（Phillip Cushman）在其《自我为什么会空虚》（*Why the Self Is Empty*）一文中阐述道：广告在一定程度上让人相信幸福是可以从商店里买到的。圣诞节变成了赛跑——对很多人来说还是障碍跑——人们不惜牺牲这个节日的传统意义而去寻觅最了不起的礼物。然而，我们得到的礼物和物质财富似乎并不能让我们感觉充实。

结果，我们感到“内心空虚”。这样的空虚——或者说空洞——源自于我们觉得活着很虚幻，也就是说，我们觉得人生很难真正实现自己的价值。人们的失落一方面来自于现实和梦想中的生活的差距，另一方则是因为他们相信这梦想中的生活是完全可以实现的。

为了避免这样的失落，艾蒙斯提议我们培养一种心理学家称之为“非事实”的想象。简单地说，就是压制幻想，做一个站在幻想对面的“魔鬼代言人”。有时，我们喜欢凭空想象一些如果怎样怎样那就好了的故事来庸人自扰。比方说，当我们赢了一个价值 500 美金的三等奖时，我们会想如果赢的是一等奖就好了，那样就可以去海边度假了！很遗憾，不是吗？这种不现实的想象很容易给我们带来失望情绪，并激起无限欲望。反之，想着自己已经赢来的就能懂得感恩："如果我什么都没赢呢！至少我赢了一个奖了，运气不错！"

珍惜我们拥有的，还是觊觎我们尚未得到的？

不巧的是，尽管我们为了增加收入和提高物质生活水平做着种种努力，却未必就能因此而感觉到安康。成功和幸福是完全不同的两码事。成功在于得到我们想要的东西，而幸福从本质上来说却可以是想要我们已有的，或者换句话说，就是满足于那些已有的、装点了我们的生活的一切。

> 芭芭拉·弗雷德里克森和詹姆斯·鲍威斯基教授（James Pawelski）建议我们用下面这个练习来学习知足常乐：用一个小匣子把所有代表了我们的幸福的简单小玩意儿都装起来，这些东西可以是我们所爱的人的照片、朋友写给我们的小纸条或卡片、我们喜欢的一首歌的歌词、某次愉快旅行的机票或火车票存根，以及其他我们已经拥有的东西。每周花 15 分钟来填充这个小匣子就足够给我们带来实实在在的幸福感了。

关于成功和幸福之间的区别的课题，大家可以回想一下迪纳父子关于幸福的方程式：幸福等于我们所拥有的和我们想要的两者之间的比值。同样的，丹尼尔·列托给出的解释也很值得一记。他说，那些追寻幸福的人会面临着这样的选择：是珍惜我们已有的，还是去追求我们还没有的。

珍惜自己所拥有的能让我们从自己已有的事物中找到满足和快乐。希腊伟大哲学家伊壁鸠鲁劝诫他的信徒把欲望克制在对那些能够实现和拥有的事物的渴望上。“智者乐其所有，而非哀其所无。”他说。古罗马哲学家塞内加在他的《致鲁西流书信集》里写道：“我们总在为没有必要的事汲汲营营。”正如罗伯特·艾蒙斯所说，两位贤者都提倡我们每天早上带着对我们所拥有的事物的感恩起床，然后开始我们新的一天。

对自己没有的事物的奢求来自于这种想法，以为得到了想要的东西便意味着得到了幸福。然而，我们已经看到，一旦愿望实现了，快乐也随之而去了。尽管如此，人们还是会把注意力更多地集中到他们所没有的东西上，而不是去珍惜他们已拥有的。为了站到领奖台上，运动员们坚持锻炼，直到筋疲力尽。当他终于得到了成功——就像工作上得到了升职——得到了掌声和喝彩时，他也耗尽了生命中不计其数的小时、日夜、月月年年……岁月已流逝。

梦想时刻

让我们接着来看看金牌的另一面吧。欲望也还不至于像必须消灭的有害病毒一样不堪。相反，人类需要有规划。他也需要梦想和希望，需要去憧憬一个更美好的未来。他不能满足于人生的现状，因为如若不然便是鼠目寸光，还极有可能与机缘擦肩而过，与幸福背道而驰。只有疯子才会在“活在现在”中重复。

帕斯卡莱一直想要买台洗碗机。她对自己买的机器很满意，也很喜欢这个发出隆隆声的机器给她干活儿。至于我呢，我一直很想要一座乡间别墅。我最终实现了自己的愿望，现在我每天都享受着住在一所自己一直想要的房子里的感觉。

有时候向着目标前进的过程似乎要比实现目标更开心。我们都已经有过那么几次经验了吧？遐想一下某次活动、某次出门或者计划好了的某次旅行。这样的遐想给我们带来快乐。等待的时候要比真正开始旅行的大日子更快乐。这一天我们同时被探索新世界的幸福感和懒得为旅行做准备的情绪纠缠着，准备工作很复杂很烦琐，何况我们一天要做的工作已经够多了。所以，有时候我会在定了这样的计划以后又后悔自己的鲁莽。有时候会突然觉得疲倦得不行，然后就想，如果这个计划只关乎我一人的话，我会最终放弃，然后就这么舒舒服服地赖在家里的沙发上。

关于这一点，乔纳森·海特是这样解释的：我们的大脑天生不适合长时间荷载。这类荷载可能是由某个需要多年努力才能实现——也可能是永远都实现不了——的理想带来的。我们的大脑构造是为短期可实现的目标而设的。虽然它有时会被我们某些夸张的幻想所迷惑，但它还是更喜欢那些给我们带来小小幸福的小小举动。

> “你梦想着升职，”海特写道，“梦想着被一所享有盛名的大学录取，或者梦想着完成一个重要的项目。为了你的梦想你没日没夜地努力，你想象着成功时候的快乐。运气好的话，一旦你成功了，你将享受一个小时，也可能会是一天的兴高采烈，尤其是如果你的成功机会很渺小，或成功发生在意料之外，而胜利者就是你！但

是，大部分时候如果成功是意料之中的事，而最终结果不过是对此的肯定，那么你会感受不到特别的欢欣。在第二种情况下，我们所能感受到的更多的是松了一口气，或者终于能够停下来松一口气的欢欣。长时间的远足之后终于能够放下厚重的背包松口气了。当时你很少会这样想："万岁，太令人难以置信了！"而更多的是："好了，我现在该做什么呢？"①

当愿望变成束缚

普鲁斯特这样写道："幸福很少降临在恰恰渴望它的愿望之上。"从这种意义上来说，渴望是一种盲目的力量，它有时候会射错目标。但是，如果没有了愿望，生命也就失去了价值。憧憬是我们的雄心壮志的马达，它们是必需的，也是振奋人心的。如果没有了愿望，人类可能就会无法生存。但从某种角度来看，暂时地忘了那些愿望又是多么惬意！

确实，正如我们前面说的那样，有时候"愿望的面纱"会掩盖"现实"的存在，于是我们便成了奴隶。爱德华·迪纳甚至把愿望比作毒品。他说，那些对毒品上瘾的人总想要有更多的毒品，而矛盾的是，他们越来越不喜欢毒品。那些总有无数愿望、贪得无厌的人也是，他们最终也会不再喜欢他们所渴望的。

马修·李卡德则把渴望比作某种形式的自焚。这就好像喝咸水，让人越喝越渴。反复强化的愿望可以将人变成欲求的奴隶。当愿望不

---

①该片段原文摘自 J. Haidt, *The Happiness Hypothesis,* New York, Basic Books, 2006, p. 83. ——作者注。（原文为英文，本文根据作者书中的法文翻译译成中文。——译者注）

停地被满足，我们也就感受不到满足的乐趣了。

这位法籍僧侣给我们讲了一个令人不安的实验。实验员在几只老鼠大脑中产生快乐感觉的部位安了电导体，老鼠懂得了按压杠杆可以刺激电导体工作从而带来快感，于是它们便不停地按压这根杠杆。最终，这种对快乐感觉的追求变成了不由自主的欲望。这个欲望如此强烈以至于老鼠们放弃了其他所有的活动，其中甚至包括进食和性交，他们不停地按压杠杆，直到筋疲力尽或者死亡。而不幸的是，这个实验也让我们想到了人类。

生活就是在我们不经意的时候所发生的一切

在西藏地区，马修·李卡德又说，有一条狗，生活在两座寺庙之间，这两座寺庙被一条河隔开了。它知道钟声响起就意味着开饭时间到了。当它听到其中一座寺庙的钟声时，就开始游泳，企图穿过河流去这座寺庙吃饭。游到一半时，听到另一座寺庙的钟声也响起了，于是，它又折返往回游。不幸的是，它没有赶上两座寺庙中任何一家的饭点。

我们说，“生活就是在我们不经意的时候所发生的一切”。因为渴求众多——成功、爱情、富贵——我们背负着各种愿望不停奔波劳碌，奔波劳碌再奔波劳碌。而时间，它就在我们四处奔波的时候消逝了。每个人最后都可能成了一只来回不停游泳，却永远也不能成功饱餐一顿的狗，又或者，可能你会觉得比喻成一只在原地不停踩着跑轮的仓鼠更为贴切。

我们的所作所为并不总是有益于自己的安康。有的人为了“摘月亮”，错过了跟家人、孩子和朋友在一起的重要时光；有的单身者每天把时间泡在交友网上寻找自己的另一半，却忘了已经把朋友扔在一边很久了；有的人忽视了想要同他玩耍的孩子和期盼着他回家的老人；还有的人把赌注下在高风险的投资上；也有的人为了在激烈竞争中得到昙花一现的成功，不惜弄虚作假乃至背信弃义。

而对幸福的过度追求有可能会造成挫折感。为什么？因为幸福很少是目的本身。关于这个，听从伊壁鸠鲁那古老的劝诫是个很明智的选择：“不要试图按照我们的想法去改变事物，就按照它们的本来面目去憧憬，然后尽最大努力。”

列一张最爱清单

你知道那些专门给电脑初学者用的书吗？《傻瓜学网络》《傻瓜学 Windows 7》，等等。这些书的广受欢迎又带来了其他主题同类书籍的诞生：《傻瓜学英语》《傻瓜学性爱》，等等。那么，下面我们就来介绍一个练习，供那些在需要做个人决定的时候就成了傻瓜的人做。我也是这样一个傻瓜，有时候会忽略了根据自己真正的需要做出对的、能够带来长久幸福的选择。

写一个关于你最爱的事物的清单。大家可以看一下我的清单：大自然、旅行、帮助人、看到儿子开心的样子、和爱人共度时光、和朋友及家人一起欢笑、做讲座、看书和写作，等等。那你的清单上又列了些什么呢？

然后当需要做一些关乎前途的重要决定时，你就可以问问自己，你的决定是不是可以实现你那些对你来说很重要的愿望。

在我还只有35岁的时候，这张清单还会包括一些不同性质的元素：任教、专业上得到承认、能够自主工作，等等。如果那时候上级要提拔我，我肯定会觉得新的机会可以让我更好地发挥自己的才能，从而立刻开心地接受了。而今天，如果同样的机会再出现，那么接受这个工作将会是个很大的错误。除了升职本身那吸引人的表象能够给我带来一时的激动之外，我知道自己的生活将会从此变得很可悲。因为这个工作不会给我带来任何接触大自然、和儿子一起享受天伦之乐和写作的机会。相反，我会不得不为了我的工作抱负而放弃那些真正让我快乐的时刻。

给我们心中最爱的那些事物列一张清单，这对于做个好的决定将有很大启发。这样的小结可以清楚地告诉我们，自己所做的决定从短期、中期和长期来说是否有利于我们的安康。

第12章

幸福与健康的关系

我建议大家每天都要微笑，因为微笑是抵抗各种流行病毒的最佳良药。

有相当数量的科学家想要证明幸福与否对健康的影响。根据他们的研究，似乎很明显幸福——开心、欢笑和安详——对身体健康有益。确实，正面情绪对应了健康，正如负面情绪对应了疾病，两者之间的关系密不可分。这一点是毫无疑问的。这些结论是通过把幸福与各种疾病——比如感冒、癌症、关节炎、心脏问题、艾滋病和哮喘等——的关系进行研究得来的。

但这并不表示病人要比别人不开心。别忘了还有其他因素——尤其是人们对他们的病情、他们自己和他们生活的看法——对精神健康有着重要影响。比如，一个相信自己很快会痊愈的病人要比一个一天到晚担心自己会生病的健康人幸福多了。有的人尽管得了病，却依旧微笑着面对生活，并利用他剩下的一切来得到实实在在的满足。

而且，和别的变量一样，我们的确无法断定一个人是因为幸福所以健康，还是因为健康所以幸福。是先有蛋还是先有鸡？就像面对其他现象一样，我们不知道什么是因什么是果。不过，无论如何，大家都一致认同健康和幸福是互相关联的，所以，我们要对两者同时向往——健康、幸福！

安慰剂效应

马修·李卡德说安慰剂是一种“乐观棒棒糖”。安慰剂是一种没有实质药效，但是却能给病人带来希望的药。在这个课题上——尽管对该类药物持反对意见的人很多——大量的研究证明，乐观和希望对于健康和幸福起到一定的作用。

当病人服用某种其实并没有实际治疗效果的药物，或接受某种不会对病情有任何影响的治疗时，他在不知情的情况下以为该“药”或治疗对病情起作用，并且他的健康状况也真的好转了，我们便有理由相信病人身体状况的好转来自于他自己的积极信念。这就是我们所说的“安慰剂效应”。安慰剂带来的效果与药物和治疗本身毫无关系。但这个效果又是真实存在的，它出现的原因，除了被“治疗”的病人的心理状态，别无他处可究。

科学研究经常会用到安慰剂。当我们需要测试某种药物的疗效时，我们让某些病人服用这个药物，又让另一些病人服用安慰剂来作为参照。然而，令人没有想到的是，每次实验中安慰剂都会表现出一定程度的功效。从统计结果来看，它能够给各种常见病病人带来 10% 到 40%不等的疗效，这些病症包括过敏、咳嗽、湿疹、大小便失禁，等等。这些病人以为是药物治愈了他们，而事实上是他们自己治愈了自己。

最令人惊奇的是，还有研究得出结论证明，安慰剂效应对一些慢性病，比如关节炎、高血压、糖尿病和帕金森病等，同样能够起作用。众多著名的科学杂志，其中包括《临床心理学评论》（*Clinical Psychology Review*）和《生物精神病学》（*Biological Psychiatry*），都曾经写过安慰剂“治疗”过，甚至利用安慰剂效应治愈过上述这类疾病和一些心脏类疾病，还有诸如艾滋病、癌症这样的绝症。

尽管这些结论遭到了很多异议，我还是建议读者谨慎地思考一下，因为据说有 20%的癌症病人单凭个人信念得到了康复。心理学家丹妮尔·法科窦（Danielle Fecteau）在其《安慰剂效应：康复之力》一书中提到该结果也得到了美国癌症专家们的确认。研究显示，确实有些病人在得知自己得了绝症时否认医生的诊断，并拒绝一切治疗。法科窦说，这些人的康复率让人“觉得不可思议”，他们的肿瘤细胞奇迹般地消失了。

有力的证明

法科窦用幽默的语气引用了美国医生和作家老奥利弗·温德尔·霍姆斯（Oliver Wendell Holmes）在 1860 年写的一句话：“若能将所有药品沉入海底，对人类来说这就是一大福音——不过，对鱼儿们却是莫大的诅咒。”她说，事实上我们都具有自我康复的能力，但同时也有让自己生病的能力。

有些住院病人的病例告诉我们，为了服用那些我们自己制造出来的用以治病的有毒物品，我们把自己搞病了。我父亲——他的去世对我们来说一直是个谜——在他漫长的临终岁月里，为了控制他的糖尿病、高血压和高血脂，服用的各种药丸简直可装满一个仓库，然后他去世了。同样的药单——对有些病例来说，我们完全可以怀疑这个药单的合理性——也被用在了其他很多上了年纪的人身上。

回到安慰剂效应的话题上来，法科窦在她的书里引述了几个我读到过的最有力的实证。下面我就来简单地描述几个例子。

35 岁的西蒙，在新西兰南岛度假的时候因为一次食物中毒而不得不住了院。住院期间，由于有些咳嗽，医生给他拍了 X 照，发现他肺部有个斑。西蒙吓坏了，他立刻回家并约了他的家庭医生。但家庭医生暂时没有空档，所以，他必须等两周才能跟他会面。他在这两周里度日如年，每天都被恐慌、焦虑萦绕、困扰着。两周后，医生让他安下心来，说没事的，因为这个斑点在他 15 岁的时候就有了，很可能是天生的。但西蒙还是不放心，说他最近几天来觉得呼吸不大顺畅。医生于是又给西蒙做了个 X 线检查，令他惊讶万分的是，斑点已经扩散到整个右肺了。西蒙在经受了几周无法忍受的痛苦之后过世了。

迈克尔，30 岁，刚被诊断得了白血病，医生说他最多还能活十年。得到这个消息以后他搬到了乡下，以便于安静地思考。他意识到虽然自己是个工程师，可是他从没喜欢过这个职业。他有一个很好的妻子，但他并不爱她。他曾经最想做的事是买一块地，然后在上面种满果树。他后悔没有倾听自己内心的呼唤，于是他打电话给妻子和老板，告诉他们自己不会再回去了。不久以后，他开始给离他乡下的屋子不远的一个果园做义工。10 年后，他的白血病完全消失了。他奇迹般地恢复了健康，科学无法解释其中的原因。

莱特先生的例子很有名。他的身体已经被扩散了的恶性肿瘤细胞占领，死亡就在眼前。有一天，他听说了一种抗癌症的特效药，坚信这个药能够救他。他请医生给他开这个处方，但医生拒绝了，因为他觉得这个药对他这样的晚期病人没有用。但是莱特先生一直坚持，医生心想反正他也活不过这个周末了，便给他开了些安慰剂，骗他说就是他想要的那个药。医生过完周末回来又见到了他的病人，而且他看上去很健康。这似乎毫无道理，但他身体里的确没有任何肿瘤的痕迹了。于是，莱特先生便康复出院回家了。几个月以后，莱特先生听说他以为的那种很有效的药其实是个谣言。没过多久，肿瘤又出现了，他又住院了。医生又试着给他开了安慰剂，跟他说这是改良了的抗癌药。事情接下来的发展很戏剧化，莱特先生的肿瘤再次消失。第二年，各大报刊纷纷刊登声明说该药无效，医生和病人必须放弃使用该药。于是莱特先生的肿瘤又回来了，而这次他没能再挺过去。

玛丽卡得了艾滋病，她得到了免费治疗的机会。但问题是，研究规定只有一半的人能够享受某种针对艾滋病的测试药，还有一半的人收到的其实是安慰剂。病人和医生都不知道谁服的是药，谁服的是安慰剂。玛丽卡心里很担心。但是当治疗开始了以后，她很快就感觉到了真实药物在她身上所发挥的效力。她身体的免疫系统恢复得跟没有病毒的正常人没有什么两样，她痊愈了。有一次，她去拿药的时候碰到了另外一个病人，这个病人和她相反，情况越来越差，已经到了死亡的边缘。玛丽卡心想，这个可怜的人大概是在那个服用安慰剂的病人组里。但是，玛丽卡不知道的是，事实上真正在服抗艾滋药的是那个年轻人，而她自己作为参照组的一员，一直在服用的是安慰剂。五年来直到今天，她每周还在服用这个“奇迹般”带来跟“真”药同样效用的安慰剂。

怎么可能有这样的事呢？安慰剂又怎么能够治愈病人呢？简单来说，我们认为，安慰剂效应是建立在这么一种希望或信念上的：病人以为所做的治疗将会治愈他们的疾病。这种希望反过来对我们的身体产生了切实的效应：它激活了身体的免疫系统。压力也会对我们的机体产生效应——我们称之为“心身疾病”。希望和乐观则起着跟压力相反的作用：它们在大脑内部的不同部位起作用。我们在下文中会继续讲到。

| 大脑可以伤害也可以治愈身体 |

学习培养积极的观念可以让我们的身体在面对病痛时不至于那么不堪一击，从而不那么容易得病。当疾病无可避免的时候，比如有些慢性疾病，这时候积极的情绪可以帮助战胜疾病。

情绪怎么会对身体健康有如此重大的影响？大家可以观察一下自己烦躁时候的反应：你是不是手心潮湿、口干舌燥并且心跳加快？这些就是明确的证据，证明情绪可以对身体产生影响。所以，我们都知道压力使我们在病魔面前变脆弱了。而快乐，它又是怎样对我们的身体健康做出积极贡献的呢？

30年前，身体和心理之间的关系只是一个有争议的假设。而如今，没有一个科学家敢怀疑情绪对我们机体的影响。不过，两者之间的相互作用必须在大脑的中间作用下才能完成。我们有某种情绪时，是大脑支配了生理反应。

正如美国田纳西州范德比尔特大学学者欧克立·雷（Oakley Ray）说的那样："大脑可以伤害身体，正如它也可以治愈身体一样。"但目前科学在这方面的理解还很肤浅，还没有办法描述大脑和情绪两者之间具体是如何相互关联、相互作用的。神经系统科学刚刚才开始公布他们的一些发现，而我也不是这方面的专家。我们感受到某种情绪时，大脑的某一部分被激活了，情绪会在大脑中留下某种痕迹，这便是科学家们目前所了解的。

但事实上，他们已经了解的信息还是要比这多一些的，因为他们发现，对大脑不同区域的刺激能够造成某种反射，比如沮丧或开心。因此，科学家们也在对与大脑区域相对应的情绪做调查，但他们暂时还不能借助对大脑活动的观察来区别积极情绪和消极情绪。

大脑又是如何激起情绪的呢？就我们目前所掌握的知识来看，对大脑某些特定区域的激活可以释放一些会引起身体或心理反应的荷尔蒙。

某关于大脑与荷尔蒙关系的网站说：因为荷尔蒙的缘故，我们在青少年的时候都会喜欢长时间地讲电话或照镜子；而如果我们有个朋友刚刚生完孩子，并得了产后抑郁症，因此经常无缘无故地伤心痛哭，那也是因为生产后荷尔蒙改变引起的。这个网站还说，那些注册交友网站寻找一夜情的男人也是受了……荷尔蒙的影响。

如此，情绪对大脑产生作用，大脑则对荷尔蒙产生作用，而荷尔蒙又对情绪产生作用，比如，紧张会造成肾上腺素的大量分泌。荷尔蒙是一种随着血液循环流动的化学物质，它通过与某些特定的受体结合，在远离其生产基地的地方发挥作用。肾上腺素由大脑控制着，在它的感受器上固定，并激发生理反应，比如，它可以造成一连串诸如出汗、心跳加快、呼吸急促或胃部疼痛的反应。

我们猜想，相反，某些积极的情况，比如一场愉快的讨论、成功通过考试或一个好笑的笑话，同样可以引起荷尔蒙的释放，尤其是多巴胺和五羟色胺的释放，这些荷尔蒙可以通过大脑的不同区域使我们的身体和精神状态受益。

达马西欧博士和艾略特案例

来自葡萄牙的美国神经科专家安东尼奥·达马西欧（Antonio Damasio）给我们讲述了他一个病人的奇怪症状。艾略特的大脑曾经动过手术，大脑中的肿瘤被成功切除了，但是肿瘤曾经所在的区域也受了影响。他很快就能下床了，但他的行为却很奇怪。有一天，达马西欧博士给他看了一些在意外中受重伤的人血淋淋的照片。艾略特看了以后没有任何感觉，什么感觉都没有。

艾略特和其他同样有着情绪缺陷的人，他们大脑里的同一区域都受过伤害：脑前额叶外皮。不管是意外还是肿瘤引起的，如果脑前额叶受了挤压或损伤，人的精神行为就有可能会受到影响。

值得引起注意的是，达马西欧说，主管人直接情绪反应的并不是大脑的这一区域。这块区域主要是对外界刺激进行判断，然后做出反应。相反，它是进行理性思考所必不可少的部分。这些病人的大脑仿佛是和情绪感受脱了节，不停空转着做无用功。表达不出任何感觉，也无法做决定，因为这个坏掉了的区域无法再对信息做出判断。

为了更好地理解大脑是如何运作的，我们再来看一下达马西欧给我们举的一个例子。在我们即将进入一条阴暗小巷的时候，我们会突然觉得有些害怕，然后会犹豫要不要往前走。这种感觉通常会伴随着生理上的反应，比如心跳加快或突然出汗。但它同时也伴随着非生理的、无意识的反应，这种直觉决定了我们会做出什么选择。在这个例子中，情绪通过额叶迫使我们选择另外一条路，而不是这条阴暗小巷。

对身体有利的情绪和感受

我忍不住想，上面这个例子中的本能反应是我们的机体聪明的一种体现。这种本能是嵌入在我们机体中的智慧，它引导了我们的自卫系统——这是我们应该引以为傲的——也激发了我们的本能反应，比如大笑、亲吻我们的孩子、感谢帮助我们的陌生人，等等。这些反应都是对身体有利的。

我们知道，情绪通过大脑产生的荷尔蒙影响免疫系统。负面情绪会降低免疫系统的效力，而正面情绪则能增强免疫力。两者作用相反。关于这个问题，纽约石溪大学精神病和社会学学院的亚瑟·斯通（Arthur Stone）和他的同事们曾经对日常生活里积极和消极感受——工作、居家和休闲时——分别对抗体产生的影响做过研究。似乎那些讲述积极感受较多的人机体里产生的抗体也较多，而那些讲述消极感受较多的人产生的抗体也较少。

同样的结果，也出现在血液中氢化可的松的含量上。科学家们证实，那些生活比较开心的成年人身上氢化可的松的含量比较低——氢化可的松含量过高可引起严重冠状动脉损伤。同样，幸福的人心率也较低。

威斯敏斯特大学心理系名誉教授安吉拉·克鲁（Angela Crow）说，闻巧克力的味道可以增强血液里的抗体含量。吸入其他可口的味道或倾听悦耳的音乐也能带来同样的效果。这些愉快的经历可以使身体免疫系统恢复元气，其效果与科学家对大脑左面的机械刺激得到的结果相同。那些

"受虐狂"或想要生个病来请假的人则可以去吸吸腐肉的味道，这可以降低身体里的抗体含量。

幸福和疼痛

小孩子不小心擦伤了膝盖的时候，大人对待他们的伤口的态度对小孩的影响很大。如果大人很紧张，小孩会更害怕；如果大人装着没事一样，就能把小孩的注意力引开。同理，医学其实和日常生活一样，我们很久以前就知道，身体问题的严重性和我们所感受到的痛苦程度其实并没有直接联系。换句话说，疼痛的存在虽然是真实的，但从某种程度上来说它也是跟心理有关的。

我们也知道，每个人对疼痛的感受不一样。客观地说，同样的痛楚对不同的人来说感觉并不一样。事实上，从神经病学的角度来说，疼痛程度与想要摆脱这种痛楚的当事人内心烦躁不安的程度成正比。他越是烦躁，疼痛便越剧烈。我们说，烦躁本身使得痛苦的感觉越来越无法忍受。

疼痛有很大一部分来自于我们自己对它的注意。一个人越是把注意力集中在疼痛上，便越是觉得疼；越是疼，他便越焦虑；而越焦虑，他又会越觉得疼，于是，他又会把更多的注意力放到这个痛楚上……有的人容易烦躁焦虑，对他们而言，就连最微不足道的疼痛在其身上也能变得无法忍受。

平静和放松的心情可以大大减轻疼痛，并缩短疼痛时间。我们可以确定的是，我们的情绪可以加重或减轻身体上的痛苦。心情好时，疼痛也会减轻。心情变坏，疼痛就可能会变得无法忍受。

有个实验可以验证这个假设。把冰水倒入一个大容器里，把你的手臂伸进去放在水里，直到你无法忍受为止。冰水给人带来刺痛的感觉。一个带着积极情绪的人对冷的敏感度会降低，因而对冰水的忍受力便能增强。堪萨斯大学心理系特聘教授查尔斯·施耐德曾向我们证实，一个充满希望的人对冰水的承受能力比别人高两倍，他可以更长时间地将手臂放在装有冰水的容器里；一个带有负面情绪的人对这种刺痛的忍受能力则要低很多。

事实上，积极情绪起到的镇静剂作用就像我们头痛时服用阿司匹林的效果。放松心情，讲个笑话笑笑，或吃个好吃的蛋糕，这些举动是天然的特效药。冥想也能带来同样的效果。另外，佛教从几千年前就懂得培养和利用这种能力了。佛教徒学习用意念来驾驭痛楚，当他们成功做到这一点的时候，他们便无所不能了。

笑有治疗作用

在所有的积极情绪中，笑的治疗作用最大，也最显而易见。总体来说，笑可以产生并增强生理和心理的复原力。美国记者、作家诺曼·卡森斯（Norman Cousins）曾经描述过笑如何遏制了病人因为炎症而引起的疼痛。他说，看十分钟好笑的电影可以带来两个小时的疼痛减轻的感觉，并且可以有效地减轻组织的炎症。

比如在美国，每周一的晚上，很多人会聚集在一些体操室里学习“大笑瑜伽”。教练让他们做一些配合了大笑的姿势和动作练习。他们练习的是“强迫性笑”，因为反正身体无法区别真笑和假笑。

撇开那些荒诞的想法不说，已有实证研究证明，笑和幽默，可以减少人得心血管疾病的危险，并增强免疫力。在生理上，它们可以帮助释放压力，有益身体健康。如果你有睡眠问题，那么你得知道，它们也可以帮助你睡得更好。加拿大安大略省滑铁卢大学的霍尔伯特·兰夫考特（Herbert Lefcourt）教授进一步证明，幽默和笑促进了免疫球蛋白 A——一种抗体，既可以预防平常如感冒之类的小病，又能够协助治疗可怕如癌症这样的大病——的生成。

简而言之，好好笑一场有益健康。事实上，笑——眼泪也同样——值好多先进的口服止痛药！它有助于减轻头痛或者——心痛。知道吗，当我们所爱的人心情不好时，我们的同情和倾听对他们来说就是最好的安慰？幽默也是。而且，虽然有时候我们会一个人笑——我们也会觉得这很奇怪——但通常来说，欢笑是要和人分享的。欢笑会传染，它可以在人群中迅速传播。它是建立良好人际关系的关键因素，也是适用于团体的一剂良药。

笑胶囊

在 Youtube 网站上有个叫《地铁上的菩萨》(*Bodhisattva in metro*) 的短片，既适合一个人看，也适合和朋友一起看。短片开始时我们看到在地铁某节昏暗的车厢里，气氛是典型的那种下午五点下班回家的气氛：麻木的人们不时偷偷看别人一眼或顾自看着报纸。然后一个男人带着一脸无辜的笑容走进了地铁，坐了下来。他顾自笑着，并且越笑越开怀。他的开心是如此具有感染力，以至于很快整个车厢的人都笑得前俯后仰了。车厢里欢笑的气氛在一个新乘客进入车厢的时候达到了高潮。我做讲座的时候有时会用到这个短片，我可以保证，看这个片子而不开怀大笑是不可能的。

有幽默感的人通常都比较受欢迎。有幽默感的教授和讲演人也总是更讨人喜欢。有时候有趣比有意义更受青睐！风趣的人通常都是在台前的，他们总能因为某个原因而特别引人注意，即使有的时候从逻辑上来说这样的注意是不应该的——比如在葬礼上。而且，风趣的人更容易找到另一半，且关系也会更持久。夫妻两人如果能够经常在一起笑，那么他们的夫妻关系便能维持得更久。有对老夫妻说，他们仔细想想觉得这些年来幽默比性爱更重要。

所以我建议：要风趣！如此，不仅于人有益，而且于己更有益！引人大笑吧，不要把你的幽默感藏起来，拿出来和大家一起分享！惹人大笑，用你洒脱的精神为人治疗吧！

自尊就好像放在银行里的钱

自我尊重（即自尊，是对自我价值的一种肯定。——译者注）可以起到和笑一样的心理作用。那些自我评价比较积极的人通常身心更健康。因此，自我尊重有益健康。

我们可以用“飞镖效应”来解释自我尊重是如何对健康起到积极作用的：在惨遭不幸时，一个能够很好地自我肯定并懂得尊重自己的人，通常也能够很好地摆脱困境；而脱离困境的经历反过来又会让我们增强自我尊重意识。关于这一点，史蒂夫·鲍姆嘉纳和玛丽·克罗瑟斯说，自尊就好像放在银行里的钱：如果我们的账户里有很多钱，那么意外的开销便不会让我们惊惶失措；相反，如果我们的账户是空的，那么这样的开销就会成为很重的包袱。那些在心理"银行账户"上存得满满的人——对自我价值评价较高的人——一般来说在面对困境的时候能有足够的对策来解决困难。结果，相比那些自我尊重为"赤字"的人，前者在压力面前不会显得那么脆弱，他们会更开心，不容易沮丧，同时他们的生活也更健康。

不切实际的积极自我评价

自我尊重是一种积极的自我评价。这种自我评价是建立在我们从小以及之后人生道路上受到的各种评价之上的。它影响了我们对自己和对生活的看法。它也并不总是与事实相符，但有时候——当然不是所有的时候——这样反而更好。

就是靠着我们对生活和对自己的无意识失真判断——谢利·泰勒（Shelley Taylor）称之为"积极错觉"——我们才能这样日复一日、月复一月地过着日子，真正的现实是我们敏感的心脏所无法承受的。作家克里斯托夫·安德烈说，这样的感知错误来自于我们天生喜欢提升自己的价值这一人性。科学研究让我们了解到偶尔的积极错觉有利于身心健康。

谢利·泰勒是个心理学博士，现任教于美国加州大学洛杉矶分校心理系，她做了很多关于身体从不切实际的积极自我概念中受益的研究。她向我们展示了人们——其中有些对自己有着不切实际的的积极认识，还有一些人没有——是如何承受压力测试考验的。考验要求他们用最快的速度计算一系列杂乱无章的数据，工作漫长而又辛苦。这个练习我们自己也可以做！我们用某些心血管和生物相关变量来检测这个练习的影响。那些自我评价不切实际的人的身体似乎更能承受压力。

这种积极错觉不仅有益于健康——当然了，当这样的错觉不是特别夸张的时候——还是人类生存的一个必要条件。没有它，我们可能不会再有勇气每天早上起床来迎接新的一天。

想一想。不切实际的积极自我认识——我们的心里所怀有的这样一种健康的对现实的扭曲——让我们免去了不停反复思考和检讨自己这些年来做的错事和错误判断的辛苦。我们所空想出来的自我和世界，使我们不用每时每刻不停折磨自己的心理，去想着身体上无法控制的肥胖或脸上如同干燥土地上裂缝般的皱纹；使我们不会一醒来就被这些消息所萦绕：这个世界战事猖獗、平民被士兵蹂躏、孩子被家长虐待、女人被那些嫉妒的丈夫胡乱责打、污染破坏我们头顶的臭氧层、潜伏的癌细胞就等着要在我们脆弱的时候对我们的身体发起进攻……如果我们开始用非常实际的眼光来看待这个世界和我们自己，我们大概会宁可长睡不起了。

| 积极情感让人更长寿 |

积极情感对健康所起到的作用并不局限于预防和治愈疾病，它们还能帮助我们活得更幸福更长久。我觉得这才是最吸引人之处。

其实，如果你的父母或祖父母上了 70 岁还很健康，你大概会觉得你肯定也得到了这样的遗传。你的这个想法只能说是部分正确，因为基因确实是长寿的原因之一。不仅如此，根据专家的观点，祖辈遗传给你的生活态度对你能否长寿起到 75%的作用。也就是说，长期抑郁和消极的人，其寿命会比乐观的人的短。一般来说，生活态度积极的人比较长寿。在后面的文章里我们还会说到科学家们是如何得出这个结论的。目前为止，我们已经在文中讲到了三个可以支持这个发现的科学观点。首先，我们知道，积极情绪和健康之间有着不可否认的密切关系；其次，这些情绪很大程度上由性格脾气决定；最后，性格是我们生活中一个不变的恒量，它决定了我们为人处世的方式，面对压力的时候，有的人会生病，并变得很焦虑，有的人则会适应新的环境，并且继续保持活力。

对修女的研究结果

所以，幸福的人更长寿。这个结论又是怎么来的呢？答案是从对修女的研究得来的。事实上，因为修女生活条件中的各项变量都比较容易控制，所以她们成了科研工作者们理想的研究对象。她们的生活方式基本一致，每天的生活也基本相似。除了日常生活极其规律之外，她们的饮食制度也基本相似，社会地位、经济状况和医疗制度也完全相同，而且她们都不抽烟，也很少喝酒。另外，她们没有夫妻生活——但是，和很多类似的人共同生活可能与和一个爱人相处同样令人厌恶！——也没有孩子。

对修女做的研究所得到的结论是有效且可靠的，因为除了性格脾气，没有别的变量（收入、社会地位等）可以影响结果。“修女研究”（The Nun Study）是这类研究中最著名的一个，它得出了一个惊人的结果：快乐的修女要比她们那些不快乐的姐妹们长寿。我给大家引用了一段这个研究的摘录。

> 肯塔基大学的几个学者研究了 700 位修女的自传。这些自传写于 1930 年至 1940 年间，当时她们都是刚刚宣誓完毕或者还是初学修女，20 来岁的样子。研究者们从中发现了很多积极的、消极的或者不好也不坏的情绪和感受。比如，某个修女可能这样写道：“刚刚过去的一年非常美好，未来也是一片光明的征兆。”而另外一个修女则可能是这么写的：“感谢主的厚泽，我会努力的，但是我不知道自己能不能做到。”
>
> 接着，研究者们给这些文字所表达的情绪和文字主人的寿命做了相关比较，结果很惊人：在自传中表达积极情绪最多的修女——也就是说最幸福的修女——其中 65%的人都活过了 90 岁，而她们那些最不开心的姐妹中只有 30%的人活到了这个年纪。

史蒂夫·鲍姆嘉纳和玛丽·克罗瑟斯在长寿这个课题上写道：研

究进一步肯定了博比·麦克费林（Bobby McFerrin）那首著名的 *Don't Worry*，*Be Happy* 中的歌词，“不要担心，要开心（Don't worry，be happy)”，然后——然后你会活得更长久。

多活十年，不容忽视啊！

得克萨斯大学内科医学专业的格兰·奥斯蒂尔（Glenn Ostir）博士做了另外一项研究，是对 2000 名 65 岁以上的老人进行的研究。研究证实，在老年人群里，不快乐的人的死亡率要比快乐的人高两倍。

研究还证明，幸福的人可能比不幸福的人多活最多 7 年到 10 年。10 年，时间可不短啊，对吧？这个数据确实让人吃惊，尤其是它比与吸烟相关的数据要大很多。确实，一个普通吸烟者的预计寿命比不吸烟的人少 3 年，而一个烟瘾很大的人则可能少 10 年。

人际关系同样重要。密歇根大学社会学教授詹姆斯·豪斯（James House）在一篇题为“社会孤立会杀人！”（*Social Isolation Kills, But How and Why?*）的文章中声称，从统计数据来看，社会孤立比吸烟更可怕！给政府反烟草运动部门的忠告：改行来提倡宣传幸福吧！

第 13 章 爱情和友谊与幸福的关系

> 我们生命初始几年是靠着对别人的依赖生活的，而我们中大部分人最后几年也是如此。这中间大概还有 60 来年的生命，是在未明言的依赖中度过的。
>
> ——罗伯特 · 艾蒙斯

各种依赖关系是我们人类存在的基本条件。它们关系到我们这个物种的生存。尤其是在困难的时候，避免独处和借个肩膀靠靠很重要，有时候甚至可以说是至关重要。在这一点上，人类有别于动物——尽管在其他很多方面人和动物很相像——动物在受伤或者将死的时候喜欢离群索居。

心理学在 20 世纪 60 年代犯了很大的一个错误，它让人以为意为“可以自由选择”的个人自主是独立的同义词。如果我们希望幸福地活着，我们最先要做的事便是培养和维护那些对我们很重要的关系。这似乎也是安康的首要因素。

你很久没有去看你的朋友、你的父母了？暂停一下你手上“如此”重要的活儿，把这本书先搁一边，去看看他们吧。你是不是越来越倾向于一个人做决定或者一个人面对困难？改变一下这样的态度吧。问问你所信任的人的意见，请他们出手帮忙，另外，在他们需要你的支持的时候也不要有任何犹豫。

噢！我说的不是不惜一切代价去建立人际关系，而是让自己置身于那些有益于自己的人中间。当然，我说的也不是某种极端的依赖，更不是为了一点小事就去麻烦他们，用我们无穷无尽的抱怨惹恼他们，或者在一些很微不足道很私人的事情上咨询他们的意见。有时候我们也需要退出人群，默默舔舐自己的伤口，退一步，冷静地思考一下，或者把一些小小的不舒服留给自己，等着时间来治愈。我说的是一种健康的平衡：在我们需要的时候能够从别人那里得到帮助，而在我们力所能及的时候，去帮助别人。这叫互相依赖。

已婚者比单身者更幸福吗？

没有他人的存在，我们的生存将成为不可能。那么关于爱，又如何解释呢？似乎有伴的人要比单身的人幸福。很多研究最后都得出了这样的结论。科学家们说，大部分已婚的人表现出来的安康度和对生活的满意度都要比其他人高两倍。他们要比从未结过婚的人快乐两倍，也比离婚的、分居的和守寡的人开心很多。

当然，这并不是说所有恋爱中的人和有家庭的人永远比单身的人幸福（只要看看我们身边的人就可以知道到底是不是了！）。那些选择了单身的人，过单身的日子要比与人交往幸福。我们下文会看到，爱情并不是自动也不是一定会给我们带来幸福。而且，另外还有研究证明，最不幸的人并非从未恋爱过的人，而是厌倦了他们的夫妻生活的人。

虽然大部分已婚的人都说，如果可以重新来过，他们还是会选择同一个爱人，但事实又是怎样的呢？对很多人来说，一段“平淡无奇的婚姻”似乎还不如“从未结过婚”。而且又像先前好几个话题一样，我们又要回到到底是先有鸡还是先有蛋的问题上了。当科学家总结说已婚的人比较幸福时，我们也可以问问，那到底是婚姻使人幸福呢，还是幸福的人结婚的可能性更大呢？不妨想一想：与一个愁眉苦脸、孤独自闭、让人躲避不及的人相比，一个幸福、快乐、身心健康的人是不是会更容易找到另一半呢？

还有一个问题：到底是什么让人幸福，是婚姻还是婚姻所带来的好处？婚姻带来爱、亲密和默契。如若不然，起码也是相互陪伴，并且能够给彼此带来情感支持。关于这一点，爱德华·迪纳说，男人似乎从中获利更多，这主要是因为他们的人际关系网一般没有女人的那么丰富。而且，说到底，除了离婚时有人会觉得婚姻让他破了产，婚姻关系很多时候也是人困难时候的经济保障。

没有永远的蜜月

研究表明，结婚或者开始恋爱——或者决定与一个人共度余生——能够给人带来一种欣喜若狂的感觉。这样的短暂时刻我们大家都梦想过，而且我们中的很多人都经历过。我们仿佛跃上了云端，不需要任何毒品或酒精就已经兴奋无比。我接着就要让“恋爱中”的你失望了，因为我要说，这个状态会随着时间的流逝而逐渐变淡。至少爱德华·迪纳是这么认为的。他说，婚姻是种兴奋剂，能够让人开心上几年，然后——就没有然后了。除非例外，否则，已婚的两个人会在极度的兴奋和狂喜之后慢慢回到原来的状态——就好像我们说江山易改，本性难移一样。

不要这么气恼！即使蜜月可以持续到永远，我们的身体也无法承受。据说一个人最多能够在激情中生活两年，要不然他就——他就会支持不住了。他会死去，因为我们无法长时间承受不停歇的激情狂恋所带来的生理压力。人有时候也需要和爱人保持一定距离的生活。如此，不仅有利于自己的身体健康，也有利于夫妻关系，并且能够保证它的持续性。

幸福的人是不是从夫妻关系中获利比较少？

有研究说，两个人一起生活要比一个人生活开心，而且这种幸福感会随着时间的流逝而增强。但是，也有差不多数量的研究认为，人们在度完蜜月以后就会觉得没有那么幸福了，而且这样的感觉会一直持续下去。更有研究指出，夫妻关系不和会严重伤害个人安康水平。我们又该如何解释这几个相互矛盾的研究结果呢？

矛盾的来源之一是，夫妻关系不管是好是坏都对当事人有影响。它对人的影响力要超过其他所有因素，包括金钱、工作和健康在内。而且，它对人的影响是全方位的。爱情如意，那么一切都会如意！爱情不如意，那么一切都会一团糟！所以，大多数人去咨询心理医生都是因为分手、失去珍爱的人，或者和生活中某个重要的人关系不和这一类事情，就一点儿也不让人惊讶了。相反，我注意到心理治疗的结束通常伴随着新交往的开始或者夫妻间的和好。当我们再次有了爱，问题便解决了！

也有研究从另外一个角度解释了矛盾的来源：那些对个人生活很满意的人——婚姻给他们带来的满足感不算在内——可能从夫妻生活中受益较少。我们当然可以怀疑这些结论的正确性，而且也没有任何证据表明它们的广泛适用性，但是，如何解释这个让人懊恼的理论呢？

快乐的人经常有很多朋友和可爱的家人，所以，他们在人际交往上的需要已经得到很大的满足了。因此，密歇根大学心理系学者理查德・卢卡斯（Richard Lucas）总结道：他们在婚姻中获得的益处便不如那些苦恼且又孤零零的人，后者可以从中得到他们所缺乏的爱和支持。

这个推断主张的是：如果你本就是生活的宠儿，那就得花点儿时间才能感受到婚姻生活带给你的好处。而如果你的幸福主要来自于另一半，那么失去他就会让你失去很多。当然，爱情是无所不能的。我们不是说它可以给人带来移山造海的勇气和力量吗？同样，它也可以打碎一个人的生活。有时候我们需要一些亲朋好友来帮我们把打碎了的生活碎片再捡起来。

著名的“但是……”

爱情是一种比友情更强烈的感觉，但后者更长久。另外，当一对夫妻在一起久了以后，他们感情生活中最珍贵的似乎就是彼此作为人生伴侣的默契和友谊。某个已婚男人说他太太也是他最好的朋友，这样的事儿并不少见。

爱情和友谊的差别之处自然是有没有那种被吸引的感觉和性欲

了。根据史蒂夫·鲍姆嘉纳和玛丽·克罗瑟斯的观点，这两种不同的关系还有属于各自的不同规则。朋友陪伴我们直到死亡，但他们对我们却没有任何责任。在我们为实现理想而努力的时候，他们支持着我们，却不能对我们的努力方式指指点点，他们让我们用我们自己的方式操纵人生。但作为一个朋友，他也必须做到：在我们不顺心的时候陪着我们，要当一个值得信任的密友，还要能够在重要场合娱乐大家。

爱情不仅苛求以上这些，它还要求更多。它对对方有着友谊中所没有的期待，尤其是它苛求情感上的承诺。这就是我们要说的那个著名的“但是……”了！你不会觉得意外。可是相对而言，在以前，婚姻并不需要这样的承诺。那时候的婚姻主要是建立在和金钱有关的功利需求上的。人们也会考虑是否门当户对。如果一个男人有个好职业，来自一个值得尊敬的家庭，那么他就是个“好配偶”。而且，婚姻也是法律、社会和宗教允许可以生孩子的唯一结合形式。浪漫的爱情也有，但是它在婚姻中既不是唯一的也不是最重要的条件。

今天，“相爱”是一起生活和成为夫妻的基本条件。我们因此可以得出结论说，没有爱就没有理由在一起，更没有理由住在同一屋檐下。火热爱情的渐渐冷却常常被认为是当之无愧的第一大分手信号。然而，正如我们前文看到的那样，激情罕有经久不衰的。除了一些特殊例子，激情会慢慢变成两个人之间的默契，他们把彼此更多地视作一辈子的伴侣，而不是永恒的恋人。

要求太高了！

考虑到幸福所需的多重因素——尤其别忘了还有遗传的重要性——为别人的幸福负责，并期待夫妻生活给自己带来幸福明显是夸张了。尽管如此，人们还是继续相信这样的合作是有可能的。为什么？因为这个值得一赌。

对感情投入的苛求不是夫妻关系长久所面临的唯一问题。尤其是在今天，我们希望婚姻能够满足我们内心最深处的感情需要。我们认定它要对我们的幸福负责——有时候只让它对此负责——并期待着它给我们的每一天带来快乐。我们希望爱情在我们的共同生活中不断给我们带来喜悦、浪漫和性满足。否则，就“换下一个”吧！

这是我们由衷的愿望，却也是过高的要求。对超过半数的夫妻来说，他们当初有多少期望，后来就会有多少失望。于是，过高的期望反而造成了婚姻的不幸结局。确实，离婚的人背后总有这样一个理由：“对方达不到我对他的期望”。这是对的，因为本来就没有人可能达到这样的期望。

史蒂夫·鲍姆嘉纳和玛丽·克罗瑟斯是这样认为的：试想如果离婚率仅为 5%，那么我们可以想象是个人原因造成了婚姻的失败，但如今有一半的婚姻都以离婚收场，那毫无疑问这里有个共同的问题。这个问题可能来自于我们这个时代的风俗习惯和对男女角色的重新审视，但也跟现今的社会福利和经济条件有关，最主要的比如，而今不同往昔，现在女性能够从事一些地位和薪水都很可观的职业，她们感到前所未有的独立。另外，生活习惯和那些新潮的观点也是其中的原因之一。

爱到海枯石烂的梦想

如今，我们再也不需要为了跟自己倾心的男人或女人做爱而结婚了。我们还可以以单身身份生孩子或买一套不错的房子。结婚最根本的原因是因为我们相恋，或者就算不是爱得很热烈，最起码也是相爱的。

明尼苏达大学心理系教授杰弗里·辛普森（Jeffrey Simpson）问了一些年轻人下面这个问题：有这样一个人，他（她）身上有所有你喜欢的优点，但是你却不爱他（她），你会跟他（她）结婚吗？在1967年，35%的男士和76%的女士回答了“会”；30年后，大部分的人的答案都是“不会”，具体百分比为86%的男士和91%的女士！

对浪漫爱情的着重强调是我们对另一半期望过高，并因此造成多年后关系走上绝路的主要原因。我们说，既然已经没有那样的感觉了，就没有再在一起的理由了。这是自然而然的事吗？不一定！

正如我们前面说的那样，曾经，因为经济、家庭的因素，或者甚至仅仅为了维持表面形象，婚姻关系即使受尽岁月侵蚀也能够得以继续维持。这虽然并不是什么好事，但是换个角度来看，这说明那时候我们就已经明白丈夫和妻子之间的爱情——如果曾经有过的话——不可能永恒，而且早晚会被共同生活的实用价值所代替。

尽管如此，我们如今还是会幻想永恒不衰的爱情。永恒还有可能，但是不衰……那是不可能的！即使我们愿意相信这样的爱情，而且，在恋爱之初我们总以为这是完全有可能的，但是，这个幻想跟大部分夫妻和恋人的实际生活差得远了去了。尤其是当两个人生活在同一屋檐下，他们各自有孩子——正在着手建立一个组合家庭——他们还有债务和一份不轻松的工作……他们之间可以有爱情，可是这样的爱情得经受在岁月中起伏的考验。

为了刻画人们在亲密关系中的适应过程，得克萨斯大学的泰德·休斯顿（Ted Huston）和他的同事们对一些夫妻进行了 13 年不间断的调研。他们得出的结果显示数据有些分散：研究结束，总共 168 对夫妻中有 45%的人说和另一半生活得很开心，35%的人离婚了，另外还有 20%的人觉得相处得不开心。因此，对他们中一半的人来说，爱情已经完全消失了，至少也是变得沉重得让人不堪忍受了。

一夫一妻是个新现象

另外还有一个原因可以解释为什么长时间保持夫妻生活和睦是个挑战，而且这并不是我们想象中那么自然而然的事。关于这个课题，男女关系历史学告诉我们，一夫一妻是当今社会才有的现象。来自阿尔及利亚的法国作家雅克·阿塔利（Jacques Attali）在他写的《爱》（*Amours*）一书中解释道：目前一夫一妻的夫妻关系形式——也就是说一个男人和一个女人在一起生活——的存在只有 400 年的历史。就连现在，也还有国家存在女人群居、男人只有在特殊情况下才能和女人交往的现象。

你想生活在这样的国家吗？你大概会说不是很想吧，虽然这也是可以想象的：说到底，谁没有想过闺蜜或许更能够理解自己，如果一起生活也可能比和男人在一起更愉快更有趣；又或者虽然女人很迷人，但是和自己的至交一起生活或许会更容易？有些人觉得这样的话男女间的性别之战也可以避免了。在这一点上，有研究证明，对于成功的爱情而言，和谐要比感情更重要。

言归正传，面对男人和女人在他们现今社会的新身份和他们各自相对独立的生活，怎样才是维持如今这种夫妻关系的最好做法呢？

幸福二人世界的奥秘

如今，幸福的二人世界是完全可以做到的，但是它要求我们每个人都要重新树立对夫妻关系的看法。为此，首先我们要改变对彼此的要求和期待；其次，我们还要明确个人需求，以便于考虑用新的方式来满足这些需求；最后，繁忙的工作之余，我们还需要时不时与对方一起分享一些新鲜事。

越来越多的人用打破传统习惯的方式相爱。有的人谈了很多年恋爱却不住在一起，他们选择了“朋友兼情人”的相爱方式。有的人一起生活着，但是两个人之间有彼此默认的时不时还会更新一下的协议；要么一个人或者和别的朋友一起离开一段时间，要么时不时分房睡，这些都可能是协议的一部分。这些概念听上去可能跟假结婚似的毫不浪漫，然而，当岁月流逝，它们却显得更为现实。

不管用什么方式相爱，互动可以使爱情“持续”得更久。很多书和流行杂志都帮着出谋划策让夫妻更相爱，且爱得更久。举个例子，在网上，我们可以找到各种主题，比如“夫妻幸福的秘诀”、为你量身定做的“完美二人世界”建议篇、“经得起时间考验的夫妻”采访录，以及“幸福夫妻的床上生活秘诀”。也有论坛供会员们提问：幸福的夫妻存在吗？夫妻生活的幸福是什么？为了幸福我们是不是必须每天见面？我们必须要浪漫吗？到底是应该为了快乐背叛自己的爱人还是应该为了忠贞而不快乐？是不是为了保持夫妻关系和谐而最好避免跟对方家人见面？

仔细观察的话，我们会发现，两个人若要幸福，其秘诀——这些秘诀对于其他关系，不管是爱情、友谊或者工作上的关系，肯定也是适用的——就是几个很简单的小办法：

强迫自己在指责对方之前先表扬他（她）三次（表扬和批评的比例为3:1)。谈话以“积极”的方式开始，以“积极”的方式结束。

建立一个过错分享的平衡。对于对方身上的任何一个缺点，我们也要承认自己身上的一个缺点。要承认有时候我“并不比他（她）好”，还要承认自己在另外一些场合也有缺点。

要公正。每次看到自己身上的优点的同时，也要承认对方身上的某个优点。要记得两个人第一天在一起时他（她）身上吸引你的地方。回想一起度过的美好时光，并试着重新创造这样的时刻。

不要想着我们的不同之处是水火不相容的，要有意识地利用这一点来进行互补。我们可以问问对方在遇到困难的时候是怎么想的，又是怎么处理的。如果他（她）问我们同样的问题，我们也可以用自己成功摆脱困境的例子来指点他（她）。

给他（她）做自己想做的事的自由，而不是限制他（她）的创造力和他（她）花在爱好上的时间，相反，我们应该鼓励他（她），并且也问问自己有没有什么爱好和特长可以发掘。

学会一天最起码笑一次，笑自己和自己的生活！要创造一起欢笑的机会，和孩子和朋友一起笑。

要用心说话。学会说“我”很伤心，而不是“你”令我很难过。

不要把过去的指责留在心上，用更美好的感觉来代替那些陈年旧账。

要懂得在遇到困难的时候退一步看事情，并且能够冷静地商讨这些事情。夜晚，我们的情绪更敏感，思维也会因此打折，所以最好还是忍一忍，等到第二天再讨论遇到的困难。

要认可他（她）的处境。学会对他（她）说“我理解”，并花时间听他（她）说完，然后再回答：“对，可是……”而且，如果可以，最好还是避免用“对，可是……”这样的句式来回答。

学会把那些“忌讳”的事说出口。如果两个人的做法是让彼此不舒服的，想办法用新的方法来代替。抛却那些关于沟通和共同生活的陈旧想法；只要是对我们有益的，且不会伤害任何人，我们就可以把曾经“忌讳”的话题说出来，也能做曾经“忌讳”的事。

有时候要花些时间独处。而在其他时候则要给彼此在一起的时间，有时候还有孩子，有时候就两个人。不要总待在家里，时不时去户外走走，在外面吃吃东西，玩玩，或者去旅行……

试试这些小办法，看看在我们与人的相处中是不是有用！

选择的悖论

跟过去相比，现在的相爱可以有很多选择。我们可以结婚也可以同居。我们可以住在同一屋檐下，可以住得很近，也可以很远地交往着。比如有些夫妇，因为工作原因，两人的住处相隔 200 公里，甚至夫妻两人住在不同的大洲，只有放长假的时候才会在一起。如果我们直觉地以为越是有选择自由我们便越开心，那我们就错了！《今日心理学》（*Psychology Today*）在它 2009 年 2 月的刊号上说，"各种选择令我们很痛苦"！

用《纽约时报》社论评论员和作家巴里·施瓦茨（Barry Schwartz）的话来说，这是选择的悖论。他解释说，"选择越多，我们反而越不快乐"。我们自然不同意施瓦茨先生的说法！更多的选择和自由只会给我们带来更多安康的感觉！

但选择的悖论在某些情况下仍然存在：拥有的选择越多，我们便越怀疑自己的选择。在这种情况下，我们没完没了地用一眼看上去似乎更合适的第二、第三或者第四选择来代替我们本来的选择。从这个意义上来说，如果对那些不去夜店的人而言，"寻找……中的虚拟单身超市"是找到灵魂伴侣的好办法，那么，它们同时也可被视作是祸害。选择越多，做个"好选择"的压力就越大。如果我们的选择最终不是"最好的"——而我们一般也无法掌握所有的信息来判断它到底是不是最好的——我们就有可能会责怪自己，并且更觉得遗憾。这样的经历可能会让人觉得很沉重，很难接受。

有时候我会想起我儿子五岁时发生的一件又好笑又可悲的事。我们在某个“一元店”玩具部给他挑玩具，当时他脸上是多么惶恐不安啊！在花了好几分钟把每个玩具都翻来覆去看遍后，他终于选择了其中一个。然后他转过身来看着我，很烦恼的样子，说：“妈妈，如果我后悔我的选择了怎么办？”

更何况是选择“一生的”伴侣！虽然这比起《苏菲的选择》——威廉·斯泰伦一部被搬上了银幕的小说——中的苏菲要在两个犹太血统的孩子中选择一个交给纳粹，只是小巫见大巫。

有些决定要比其他决定更令人心碎，也更挑战我们的道德底线！选择一个一美金的玩具、一部我们要看的电影或者睡房墙上油漆的颜色，这些都可能挺困难，并且会给我们带来一定的压力，但是，这些和苏菲的那些是比都不能比的！如果有可能，让别人来选择就不用这么紧张了。但是，对于我们自己做出的决定，我们就只能责怪我们自己了。美好爱情——或其他事情——的秘密，归根结底可能就在于我们接受不完美的能力，在于我们能够满足于做出“足够好的选择”，而不强求自己永远要做最好的选择，克里斯托夫·安德烈如是说。

如果选择把我们的生活复杂化了，那么，到最后，是不是束缚——而不是自由——反而成了我们的救世主？不可能？对于这个问题，欧洲社会学家爱米尔·涂尔干（Emile Durkheim）说，和大众流行的观点相反，那些受社会责任和其他约束牵制较少的人反而更不开心。他们中有些人最后甚至选择了自杀。

孤僻的人自杀的可能性更大。有爱人的人自杀的可能性相对较小，但可能性最小的还是有家庭的人。可见，人类生存需要某些约束。与做事只从私利考虑出发相比，建立有意义的归属感和尊重社会制度更有利于个人生存，爱米尔·涂尔干说。

幸福就是和别人在一起！

人际关系是如此重要，它们既能把我们推上快乐的顶峰，也能让我们坠入痛苦的深渊。最病态最不幸的悲剧都是以爱情的名义发生的，爱情留下的伤痛让肇事者觉得自己是失意的“受害者”。这样沉重的概念来自于感情上深层次的依赖，也正是这种依赖在某种程度上把人类和动物区别开来了。人类处于依赖和“无自卫能力”状态的时间比其他任何一个物种都要长。这种依赖在其人生中彻底而又永远地留下了痕迹。

除了爱情和友谊，对幸福最有影响力的条件——在研究幸福这个课题时最常被指出的条件——就是和周围人相处融洽。在那些快乐的人中，其中最快乐的那些——我们取最快乐之人中的那 10%——与人共处的时间多于个人独处。那些“长期快乐”的人一般都有很多人际交往上的优点，所以别人都很喜欢他，也都很愿意跟他相处。他们是公认的对人热情、喜欢社交的人。他们更开放、更宽容、更热心、更关心他人，也更能同情和理解别人；他们不会有那么多偏见，也更热爱生活。除了天生受幸福偏爱，他们还有很多优点和长处。真是些幸运儿！

但是，我们还是可以让每天有那么点儿孤独的时候——我自己就是这样一个例子——并且过得很幸福。那为什么和他人的关系如此重要呢？在人的精神世界里，他人代表的是一种安全感。如果房子里还有另外一个生命，就算是个婴儿，或者小猫小狗也好，都能让人觉得更安心。在遇到个人或事业上的困难时，他人能让我们有信心相信未来会更美好。据证实，在我们运气比较背的时候，朋友和亲人是让我们能够成功应付，也就是适应厄运的最主要因素。

美国学者莱昂纳多·贝克曼（Leonard Berkman）和丽莎·西蒙（Lisa Syme）做过一项非常令人震惊的研究。在9年中，他们对7000个成年人的生活进行了剖析：这些人中有富人也有穷人，有男人也有女人，他们来自不同的种族。这两位学者最后得出结论：一个人与他人接触越多，他就越少生病，寿命也越长。

詹姆斯·豪斯和他的几个同事则对2500个病例进行了研究，得出结论：社交生活比较活跃的人比孤独的人活得更久的概率大两到三倍。

孤独的危险

让·保罗是一个63岁的男子，他于周一早晨过世。他的一生幸福快乐，就好像某部法国电影的名字描述的那样，“生活是一条宁静的长河”。他妻子几周前死于心脏病突发……然后他也没有能够活下来。

谁没有听说过类似的故事：某位上了年纪的老人在爱人过世以后不久也与世长辞了？这一点都不令人惊讶。如果爱情是他们生活中安康的主要来源，那么失去爱人的结果常常是非常悲剧性的。对于这一点，弗洛伊德理论宣称，人类最大的恐惧是被孤立隔绝。病人们都要注意了！和亲友保持关系可以巩固免疫系统、延年益寿、加快康复速度，以及降低得抑郁症和焦虑症的概率。

在社会关系上孤立的人——那些和家人、朋友几乎没有联系的人——比那些在各方面得到亲友支持的人更痛苦。比如一个为了努力学习而整日闭门不出的学生——或者另外一个整天只和电子游戏打交道的人——相对一个有着良好社会关系网的人来说，他们的生理和心理健康更容易出问题。而且，积极的人际关系有益身心健康，而缺乏这样的关系则可能造成某些典型的疾病和障碍，比如烟瘾、高血压和肥胖。

一个孤独的年代

在爱米尔·涂尔干去世 100 年以后的今天，科学家们进一步肯定了他的理论。幸福、健康和长寿——如果不考虑遗传因素——很大程度上来自于一个良性的社会关系网。但这里说的当然不是时时刻刻地被人关心着——天，那样也太恐怖了！而是和那些对我们很重要的人保持良好关系，以此得到安全感。

乔纳森·海特说，情感上的安全感是我们身心安康的基本条件。我们前文已经看到了，即使如今地球上的生活比过去已经安全很多了，我们不需要像我们的祖先们那样时刻准备着在野兽来袭时自卫，但我们还是很需要安全感。这种需要在我们的机体里已经生根发芽，而爱和友谊就好比是这棵植物所需的阳光雨露。

尽管如今我们的生活质量比过去提高了很多，受抑郁和焦虑之苦的人却悲剧性地越来越多，我们可以把这一点和如今社会人情淡漠这一现象联系在一起。除了一些南方和东方国家还保留着集体智慧的结晶，我们大体上都生活在一个孤独的年代。大家都成了一座座孤岛。家庭常常只有两个成员组成：父母中的一员和孩子。孩子在成年后就离家自立——除了电影《超龄孝子》（*Tanguy*）中的唐吉。邻居不过就是有着同样邮编的人。我们更钟情于自给自足，因为如果要向他人寻求帮助，我们就要先克服对可能遭到的拒绝的恐惧。

但是，其实孤独并不是人的天性，人从本质上来说是群居动物。也有研究得出结论说，人从事某项事业、做义工，或者参加娱乐活动等，从本质上来说都是为了寻求社会支持。因此，萨特（Jean-Paul Sartre）在说“他人即地狱”的时候显然是搞错了方向。其实，他人，即幸福。但说到底，孤独也不一定就是不幸。就我个人而言，我喜欢孤独。它美好而又健康，也是必要的。它满足了我们远离人类的骚动、纷争，以及享受沉默的需要。有时候，孤独保护了我们。它让我们避免了某些潜在的伤害，因为人情关系虽然是我们感恩的源泉，但同样也可以给我们带来沉痛的伤害。

| 对爱抚的需求 |

最近，我都是一个人带着儿子在生活。在很多方面，我都觉得很满足，我深深地感激命运给了我这么好一个孩子、一份有意义的工作、一个家和几个值得信赖的好朋友。单亲家长的生活很适合我——从某种程度上来说！但我也还需要温存。

美国心理学家哈利·哈洛（Harry Harlow）用小猴子

和它们的代母所做的实验告诉我们，温暖的抚触有多么重要。在这个实验中，小猴子可以在笼子里的两个人造代母中选择一个，两个代母一个用铁丝做，它胸前有提供奶水的装置，还有一个是用绒布做的。小猴子们几乎只是在饿的时候才会跑去有奶水的代母那里快快吃饱，然后又赶紧回到它们的绒布代母那里寻求安慰。

似乎对温存的需求是我们与生俱来的生理需求。一个温柔的动作、一个亲吻、一次拥抱可以释放催产素，又叫“爱抚激素”，因为它可以帮人缓解压力，让人得到内心的平静。该激素的释放可以减轻害怕和紧张所带来的生理冲动。它同时也负责了母乳的流出。催产素数量在性高潮时可达到最大水平。

有科学研究非常不人道地对孤儿院的孩子因为缺乏与人接触而死去这一现象进行了观察。那闭门独居的老人呢？还有你们那从你孩提时代起就不再触摸的父母呢？温柔的动作对任何年龄段的人来说都是必需的。从某些角度来看，我们所创造的这个世界已经“对感情消了毒”，也剥夺了我们的这一基本养料。

免费拥抱

大家可以看下 YouTube 上一个介绍国际活动“免费拥抱”的短片。一个戴着列侬式眼镜的长发青年在人群中走动，他举着一个牌子，上书“免费拥抱”[①]（Free Hugs）几个又黑又大的字。免费拥抱！人们

①国内有译“自由拥抱”的，但是法语国家的翻译意为“免费拥抱”，本书原文为法文，且根据下文，译者采取了与法语一致的译法。——译者注

远远地看着，不表示反对。有些人似乎有些害怕，还有些人觉得这个怪怪的男生很好玩。过了很久，一个小个儿老奶奶走向这个男生，张开双手要求拥抱。这部短片是一道真正的心灵大餐，一定要看一下！

年轻人这样走着，一个 40 来岁的女人嘴角带着微笑，主动扑到了他怀里。晚点儿，又有几个年轻女孩儿，接着一位男士和几个小男生尝试了“拥抱体验”。有些人自己也开始举着牌子推出免费拥抱服务。活动渐渐热闹起来了，男女老少都在这个公共场所彼此拥抱。

过了没多久，警察过来制止这场“群体道德败坏”活动。短片最后显示，一封由上万人签名的请愿书交到了地方有关部门，以求该活动的合法性得到承认。从那以后，其他的免费拥抱活动先后在世界各地发起。

如果这个活动带给了我们灵感，并改变了我们待人接物的方式，那会怎样呢？如果我们不再为了不小心碰了对方一下而道歉——这也没什么好遗憾的——反而开始带着温情互相靠拢；如果那些最另类的人都来到了大街上，并扰乱了我们这个文明社会的枯燥习俗；如果连最腼腆的人也能够常常对他们的父母张开双臂；如果父母不失时机地抱住了他们的孩子；如果这段录影把我们变成了行为举止充满柔情的人，那，会怎样呢？

第14章 幸福可以通过学习得到吗?

看了前面几章，我们已经知道，幸福部分源自良好的基因遗传。而爱情、健康、金钱、受教育水平和工作，就算它们也可能成为幸福的来源，也都不是幸福的保证。于是下面这个问题似乎就无可避免了：幸福可以通过学习得到吗?

如果一个人的遗传基因并没有得到造物主的垂青，他是不是也能通过学习而变得更乐观、更宽容和更快乐？有没有可能教会一个人让他改变自闭消极的性格？有没有可能让我们每个人都拥有持续稳定的安康?

答案是肯定的！每个人都可以通过学习改变他永远只看到生活的阴暗面的习惯，并学会用新的方式看待人生。是的，每个人都可以幸福！本书下面的章节重点就是要讲述如何将其变为可能。

我的男友是真的很走运吗？

几个月前我男友用一种自满而高傲的语气对我说："我可真走运！"他接着跟我解释为什么他这么觉得："在城里开车，大部分时候我碰到的都是绿灯。同样，去南部度假，不出意外的话碰到的都是很理想的天气。"

你觉得他的好运理论站得住脚吗？有没有别的办法可以解释这种现象？他是真的特别走运，还是只是对他的好运特别注意而已？他真的是那个什么好事都轮得到他的超级幸运儿呢，还是不过就是他看到的恰好都是他想看到的而已？两者之间的区别很重要。后者说明好运——或者说幸福——是可以习得的。我们要做的不过就是对开心的事特别注意，反之则装聋作哑。

快乐小贴士

除去基因的因素、好运和厄运影响，我们还可以用些小计策来获得幸福。

为了证明幸福是可以通过学习获得的，著名的迈克尔·福尔戴斯（Michael Fordyce）对幸福之人的生活习惯做了研究。他发现这些人会使用他们所特有的一些策略方法，而这些方法对他们获得幸福起了很重要的作用。接着，他请一些自认为对生活不是很满意的人在日常生活中使用一些幸福人所用的策略。该研究带来的结果出人意料：这些人开始变得更开心，焦虑和抑郁症状也都有所减轻。

迈克尔·福尔戴斯的这个研究对科学发展做出了重要贡献，因为他证明了我们有办法可以令人更幸福，而且这样的改变是可以持久的。

下面这 14 个幸福人常用的小技巧，如果我们也能坚持使用，它们也可以让我们的生活持久幸福。

1. 活跃，并且总是有事做。
2. 爱社交，多多与人交流。
3. 选择一个对自己来说有意义的工作来做。
4. 好好计划自己的时间和活动。
5. 不要杞人忧天，不要太操心。
6. 通过降低期望值来避免过多的失望。
7. 学会更积极更乐观。
8. 更多地享受现在。
9. 对自己要有健康的态度：爱自己、接纳自己、认识自己，并积极寻求发展。
10. 让自己变得更容易相处。
11. 做真正的自己。
12. 减少对问题的突出强调。
13. 深化与亲戚和朋友的关系。
14. 把自己和别人的幸福当成人生中的首要问题。

福尔戴斯博士建议大家可以想象自己处在一个幸福之人的位置，感受一下那种安康的感觉。同样，一个把上文中几种技巧付诸实施的办法就是，像一个幸福的人会做的那样去做，同时还要采取一个幸福之人会采取的态度。换句话说，其实就是假装自己就是一个幸福的人。

假装久了也就成真了

心理身体方法论认为，要学会改变自己的态度，办法之一便是“假装”已经具备这种态度。一个沮丧的人如果“假装”平静，就不会那么沮丧。他只要尽量多笑，多穿色彩鲜艳的衣服，多走出家门，他就能够改变心情。关系紧张的夫妻可以“假装他们还在相爱”。要做到这一点，他们强迫自己找回恋爱之初对对方的感情，以及对他（她）身上优点的欣赏，尤其是，还要表现得跟当初的自己一样。

> 当一个人通过有意的微笑之类的举止模仿一个快乐的人时，他也会更快乐。而且，即使只是无意识地露出了微笑的表情，比如，要求一个人用牙齿捡铅笔——做这个动作的时候，嘴唇会如同微笑时候一样向两边往上牵扯——也能产生同样的效果，捡铅笔的人会觉得开心。当我们请这些人皱眉，则会产生相反的效果。

不管是不是情愿，带着积极色彩的动作行为往往会对自己和他人产生积极的效果。很神奇，不是吗？这是有科学根据的。而且，父母在教育孩子的时候其实就在无意识的情况下使用了这个方法。通过反复让孩子笑着对祖母说“谢谢”或者和客人说“再见”，他们给孩子培养了健康的社交态度。这个办法对成年人同样有用，想要获得幸福的人可以“重新养成”习惯。

你看到的是繁星还是手指？

除了福尔戴斯博士提供的这些小贴士，要学会幸福地生活——就如同要学会不幸地活着——更重要的还是要看我们怎么看待生活。美存在于觉其美的眼睛里。幸福在于我们如何看待和欣赏生活，尤其是我们目光所触之处。

大家可曾听过丹妮尔·法科窦所引用的这句优美的格言：“手指指向繁星，繁星闪耀。可惜有人只看着手指”？你可以看着闪耀的繁星，也可以看着手指。只是，如果你只看着手指，那就错过了广阔星空的美丽。

我认识太多这样的人。由于总是从各种角度看着各种手指，他们不幸变成了手指行家，而忽略了繁星的存在。亚伯拉罕·林肯有句名言：Most people are about as happy as they make up their minds to be. 意思是说，对大部分人来说，他决心自己有多幸福，他就有多幸福。

与比自己不幸的人相比

幸福的人觉得自己过得挺不错，因为他们认识的另外一些人的生活就差多了。他们把自己的生活跟那些比他们不幸的人相比，然后觉得自己非常幸运。这就是他们的小秘密。

但这里也有一个陷阱。其实最好是跟谁都不要比，如果一定要比，那就跟自己比。珍惜我们所拥有的，不要太多也不要太少。但问题是，比较也是人和社会的固有本性。从小我们就学着把各种事物与社会规范做比较，然后做出评价。事物好坏的标准是它是否被社会所允许或承认。后来，我们学着做出我们自己的评价，但是，这样的评价是通过将事物跟我们自己的生活、想法以及我们对别人的生活和想法的了解对比——通常是无意识的——得到的。如果这样的比较让我们觉得开心，那是因为我们内心里无恶意地对自己说："我为我自己和我所拥有的一切而感到高兴，而既然我是幸运的，那就让一切照旧吧！"

幸福和不幸之间的差别并不在于客观现实。它来自于不同的人对生活的不同看法，也来自于每个人有意无意地将自己现在的生活、面对过去时候的遗憾和对未来的期盼进行比较。在这一点上，有研究表明，人们宁愿在一个平均年薪为 25000 美元的地方赚 50000 美元，也不愿意在年薪为 250000 美元的地方赚 100000 美元。

今年夏天，我儿子在参加一次棒球比赛时充当了外场的外野手球员。我必须解释一下，这个外场位置对他这个年龄段的孩子来说是很不好的位置，因为他们还没有这么大的力气把球打到场地里。教练的儿子充当的是一垒手的角色。当时我脑子里充满了负面的想法，认定那个孩子得到了特殊待遇，而我的孩子却被排挤了，这样很不公平。正当我越来越觉得不开心的时候，我发现另外一个孩子被换下场的次数明显超过了正常数，这比在外场还糟糕。突然，我感到自己的情绪变了。我开始可怜这个孩子，又觉得我的孩子运气挺好，至少他还能够活跃在赛场上。

因此，当人们跟境况比自己差的人相比，就会感觉开心点。我在这里还要提醒一下，“跟境况比自己差的人做比较”是个危险的主意。这里并没有轻视别人的意思。有些人会入戏太深而觉得“高人一等”，便陷入了自己比人家好的幻想中，而为了维持这种幻想，他们觉得有必要贬低别人。因此，这个建议要小心利用！如果你愿意，你可以对自己说，“跟比自己差的人比”不过就是对我们自己和我们所拥有的事物的一种积极评价，觉得别人没我们这么幸运而已。这是要我们看到自己生活的积极面。从这个意义上来说，幸福“在我们的脑袋里”。

幸福的人懂得更多地珍惜他们所拥有的，同时，也更少为他们所没有的而烦恼。这样的感觉会让我们更加肯定自己，更加同情别人。幸福要看我们怎么与人做比较。如果与比我们不幸的人相比，我们会变得更幸福，更有同情心。如果和比我们更漂亮、更有才华、也更富有的人相比，那么我们就可能会变得情绪低落。

安吉丽娜·朱莉和我

将自己与更优秀的人对比肯定是件令人气馁的事儿。把自己拿去和安吉丽娜·朱莉、席琳·迪翁或者奥巴马比一下，我们会觉得自己很微不足道。如果把平凡如你我的人放在天平的一端，另一端放上一个成功的运动明星或者诺贝尔奖获得者，我们就会突然觉得自己很渺小。

从这个意义上来说，比较是一个值得关注的社会问题。为了引起市场效应，各种杂志常常把一些年轻漂亮、身材又好的女人和出色而受大众欢迎的健壮男子的照片印在扉页。这样的销售策略对消费者的精神状态和人生观又有什么影响呢？男人看了这些照片或者《花花公子》杂志中间的裸体插页之后，回到家里面对自己平凡的妻子，然后对他们的夫妻关系感到不满意，这就毫不奇怪了。

这样的市场策略虽然可以促进销售，却并不能给人带来快乐。相反，大部分的读者读了以后反而可能会跟那些不仅富有还更俊美的人比较，并觉得心中有些酸涩——因为自己的平庸。所以，我们面临的挑战是不仅要满足于自己的成就，还要去憧憬“成为一个最出色的自己”，还要杜绝与人攀比，避免嫉妒他人。

这些杰出人物可能是艺术界、体育界的明星或事业成功的榜样，却未必是身心健康的模范！有时候他们光鲜的外表欺骗了外人的眼睛，他们所能感受到的幸福值最终可能很有限。他们的生活与单调无关，却可能是布满了不幸炸弹的战场。心理学或哲学界就是很好的例子: 该领域很多著名学者——弗洛伊德、萨特、尼采——皆为生活孤立、性格阴暗之人。

自我：灵魂的晴雨表

我们每个人都有个自我。用通俗的话说，自我就是我们的“自尊心”，是我们自己对自己的爱。有些人有一个很“强大的自我”，他们对自己的评价往往过高，也有些人的自我很“脆弱”，他们看自己的眼光总是很消极。

我们说自我是灵魂的晴雨表，因为它随着我们自己对自己的情感而上下波动。把自己跟那些出色的人物对比会使我们的自我变小，变脆弱。而当我们把注意力放在那些比我们弱小的人群上时，自我便开始膨胀。但是要当心，别让自我膨胀得太厉害！

艾丽萨是个毫无自信的学生，只有当别人比她更拙劣

> 的时候她才能觉得稍微舒口气；如果别人取得了好成绩，她就会觉得自己很没用，和他们一比自己“什么都不是”。她脑子里总是记着自己有过的失败，也总是害怕会再失败，她觉得别人都比她强。因此，自我很脆弱的艾丽萨在遇到困难时总是消极地选择放弃，而不是坚持下去。

自我在面对各种不同的状况时会像晴雨表一样给我们通知，让我们知道我们的自尊是受到了威胁了还是得到了保障。根据杜克大学社会心理学教授马克·莱亚里（Mark Lear），自我的作用就是发出信号，这种信号的性质和饿了时肚子咕咕叫或汽车里的油量指针告诉我们要加油一样。一个脆弱的自我发出的信号表示需要满足机体的某种基本需要，就好像食物之于身体，或汽油之于汽车。它表示，我们需要得到正能量的补充。我们需要明白，自己并没有我们想象中的那么糟糕。好消息是，我们可以通过认知训练来巩固自我。

幸福等式

我们在前文已经看到了，在幸福面前我们天生就是不平等的。有些人天生就有不管生活多么艰难都能幸福地活着的生活态度；有的人则即使生活条件很优越，却依旧在痛苦的深渊中挣扎。

如果我们想要真正幸福地活着，该怎么做？答案很简单，就像想要健康的身体需要健身一样，给精神也做做锻炼。我观察到幸福的人都在用同一个规则，虽然他们自己没有意识到。这个规则我可以用下面这个叫作“幸福等式”的程式来概括：

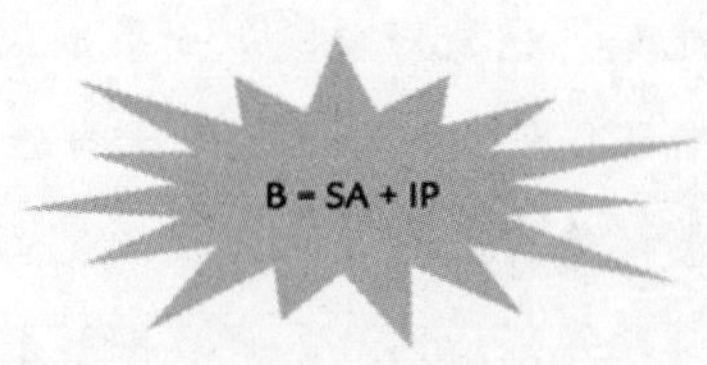

幸福（Bonheur）= 注意力选择（Sélection de l'Attention）+ 积极的理解（Interprétation Positive）

根据这个等式，幸福是两项认知行为的总和：SA（即注意力选择）和 IP（即积极的理解）。

虽然这个等式一眼看上去很复杂，其实却很简单。它就是要我们不管面对生活中的什么事情都要做到最基本的两点。首先，要从摆在我们面前的所有刺激中选择我们眼中最积极的那些元素。要做到这一点，我们首先要“放开灵魂”来感受周围的各种刺激，而不是仅仅一种刺激。

> 举个例子：清晨，我们被闹钟惊醒。而我们随之可以感受到的还有在唱歌的小鸟、枕边的爱人的脸、他不似玫瑰般芬芳的晨气、孩子在客厅玩闹的声音、五彩的墙壁、墙壁上挂着的我们喜欢的画儿、床头放着的我们多么希望还有后续的书、又回到了脑海中的大把未完成的工作、装修房子或接下来去哪里度假的想法，等等。为了好好开始我们新的一天，我们应该对上面哪些因素多加注意呢？

每一项刺激在我们眼里都有它特定的价值，能给我们带来某种或积极，或消极，或中性的情感。我们要做的是，对那些能够在我们身上激起“正能量”的元素特别加以注意。我们放任自己像个孩子一样去享受那些美好事物。把我们五官所能感受到的和思维所忆起的所有元素加以选择分类，留住那些令我们开心的，剩下的，尤其是那些讨厌的元素，就先丢到“意识垃圾桶”里去吧。换句话说，对那些于我们身心健康有益的事物要多加重视，而对那些令我们身心劳累的因素，则该减少注意力。

有人认为这样做是没有责任心的表现，但是，多听一会儿小鸟的欢叫声，而不是立即把注意力放到尖锐刺耳的闹铃上，或者优先考虑度假而不是完成工作，这些并不是什么坏事。这不过就是一个在什么时候想着什么事儿的先后顺序问题。我们有的是时间去面对生活中那些不可避免的问题。工作上的问题就等我们回到了办公室以后再去想吧，到了那时候，我们可以把所有的优先权都给它们。

其次，我们的任务是敞开怀抱接受所有刺激，不管是好刺激还是坏刺激，然后把我们对它们的看法进行处理，使得它们最终成了我们眼里的“好”东西。因此，等式中的第二项元素就是要给生活中发生的各种事件找出它们的积极意义，而不是不管碰到什么小事都抱怨一番。

为了做到这一点，我们要努力给我们所碰到的事寻找多种选择或解释，然后我们要尽力让自己只记着让我们感觉愉快的那几点。

清晨，装修房子的事导致我们的心情有些沉重。这是一个计划外的开支，而且还要占用我们的年假时间。加之也不知道上哪去找好的工人，买所需的建材，另外还得把房子收拾好腾出来才能装修，等等。唉！我们越想就越觉得沉重。

那我们来练习一下从这个状况中找出积极元素来。让我们用电视里神探可伦坡在犯罪现场搜索线索的工作方式来寻找这些元素。我们找出来的线索得起到可以改变我们看待事物时候的消极情感的作用。

重新修整房子已经是无可避免的了！现在肯定不是考虑这个事情的最佳时候——从来就没有一个最佳时候——但我们可以利用这次机会顺便把屋子里某间房也来个改头换面。想象一下某种让这个房间焕然一新的装修。再想想我们可以选择的颜色、材料和我们所中意的各种装饰。最后再幻想一下装修好了的房间的样子，以及我们该多么为自己的眼光骄傲。然后我们自己都没有意识到我们开始如此想象时的微笑，而我们原本的烦恼感觉也减轻了。

鲍勃和乔

让我们来比较一下鲍勃和乔，以及他们应用各自所特有的幸福——抑或是不幸等式的能力！

鲍勃跟大部分人很相似，日常生活中所发生的事在很大程度上决定了他每天的心情。糟糕的一天令他心情低落，反之则使他心情开朗。他没有一个为安康“量身定制”的大脑。他不比别人快乐也不比别人不快乐。而乔天生特别能找乐子。不管发生了什么事，他都能找到办法平静面对。

这两人同时被邀请去参加一个朋友的聚会。鲍勃结束了一天的辛勤工作后从家里开车出发去聚会了。聚会从 20 点开始，而现在已经是 19：30 了。鲍勃出发了没多久就在一条正在施工的马路上遇上了堵车。恼火的他忍不住骂了句“他妈的又大修”。他想起了新闻里说起过市民对公共建设施工管理的不满。他先是注意到他所在车道上的车子通行速度比其他车道的慢，他恼火地想为什么坏事总是轮得到他。

接着他又注意到前面的车里载的都是年轻人，这些人也不管周围什么情况而在车里开心地逗笑着。他等得很不耐烦。“这些年轻人没心没肺的，实在是幼稚。”他自言自语地说，“他们很快就会知道人生有多任重道远。”他的思绪开始飘向他的工作、他最近的任务和他今天没来得及做完的事……

乔也是 19:30 从家出发。他走的是和鲍勃一样的路，所以也被堵在了路上。他有过几秒钟的失望。“我要错过聚会的开始部分了。”他想。他的目光飘到了副驾驶座上的一张 CD 上，想起自己曾经想听这张碟，但是一直没有时间。然后他微微笑了：“这可真是个打发堵车时间的好主意！”他把 CD 插入车载 CD，飘扬而起的音乐立即缓和了车内的气氛。他看着施工地，想象着完工后的新路面的样子。知道新的马路会多一条行人和自行车专用的车道。他觉得这可真是个好主意，市政府把钱用对了地方……他想着以后他得多用自行车代步。这时，他又注意到排他后面的车里有几个年轻人居然在这样的环境下嬉笑打闹着。“真是无忧无虑！”他对自己说，“这让我想起自己年轻的时候。”他的思绪回到了青少年时，接着又想起了那些年的快乐时光，然后他开始计划今年夏天的度假安排和他一直想去的某个旅行……

只要不断实践

你在想世界上是不会有乔这样单纯到竟然会喜欢堵车的人的，那么你毫无疑问是对的。但是，通过训练把我们的负面情绪转变成更有积极意义的想法，这样的可能性还是有的。罗伯特·艾蒙斯说：“我们经常对自己说‘等我有勇气的时候，我就能够做这些需要勇气的事儿了’，殊不知勇气来自实践和锻炼。”幸福也是一样的道理。

我们可以试着用一下幸福等式。当我们开始着手某件事时，可以练习先去注意这个事情好的那些方面，尤其是当我们处于某个艰难的环境中时，比如在工作中遇到敌对情绪，或在家庭生活中跟爱人或孩子关系紧张，又或者和某个有交情的人的关系产生了危机。

想着那些能够带给我们安康的画面，回忆那些快乐的时刻：一次浪漫的约会、某次海边旅行、孩子刚刚出生那几年的生活、一个意外的惊喜，等等；并总是计划做些有趣的事。

要在实践、实践、再实践中告诉自己，负面想法对我们只有害处，从而有意识地抛弃它们。我们还要明白，既然别人并未活在我们脑子里，也听不到我们脑子里的自言自语，那么受这些坏想法之害的正是我们自己。让我们继续来试着做些实践。我们可以把这个练习当成是自己正在试验的一个新游戏。没什么特别的，我们不过就是在玩一个“科学实验”，然后想知道结果会怎样。实践多了，新的态度就成了“习惯”，习惯又会变成性格。

创造安康

有人会说，我们把注意力放在积极的一面上是“逃避现实”。对此，我的回答是我们在“创造安康”。很多人声称，对我们所有的痛苦的清醒意识是学习和成长的资本。我并不想反驳这个说法，但是，我也知道，目前为止还没有任何证据可以证明这种清醒意识在寻找解决办法和康复过程中的不可或缺性。我认为，懂得从痛苦中——至少是时不时地——离开，并唤醒自己内心移山般的潜力是很重要的。静心冥想那些积极的画面是与困难斗争的好办法。

只要有可能，就要经常想想那些美妙的好事物。走路的时候如果突然意识到我们的大脑正在反刍那些不开心的事情，就抬起头看看天、看看周围的花草树木，再闻闻大自然清新的味道，享受享受微风拂过脸庞的感觉，然后有意地微笑。

我们再来练练转换注意力。把目光放在孩子的笑脸上，而不是他衣服的污渍上。多注意那些十字路口给你擦挡风玻璃[①] 的人所穿衣服的新颖之处和他的生意头脑，而不是诅咒这些无家可归的年轻人。在年长的人给我们说故事的时候要有好奇心，而不是因为故事的冗长而不耐烦。要认识到职业曲棍球或足球运动员训练的繁重。也要承认政治家也得有一定能力和大无畏精神才能够面对他们需要掌控的那些复杂场面，而且，在他们的位置上，我们不一定会做得更好。

最后，试着对事物做出有建设意义的理解。除了少数的例外，人性本善，大家从本质上来说都是好的。大家都或多或少在试图努力做个好人。至少我是这样认为的，我也觉得这种想法比总觉得别人都充满了恶意要好得多。别人和生活中发生的事都不需要为我们的不幸负责，生活它也不是一个专门等着给我们找碴儿的大活人。换种眼光看待生活吧！我保证你也可以带着和乔一样的心情来到单位、回到家里或出现在朋友聚会上！

还有，别忘了：改变需要不断实践。据说在 21 天坚持不懈的实践锻炼以后，新的习惯就养成了。对自己宽容一点，花点时间让这个幸福等式来彻底改变我们的生活吧。

---

①原文中为 squeegee，指西方国家在红灯口拿橡胶头擦玻璃器给因为红灯而停下来的车擦玻璃，并收取费用的人。——译者注

第15章

幸福入门ABC

我在前面一章里侧重讲了习得幸福的办法之一：幸福等式。在这一章里，我将更深入地讲解积极的人生观如何给我们带来可持续性的身心安康。我们可以像学习某项体育运动或某种乐器的入门知识一样去学习如何幸福地生活。

大脑再教育

心理医生在治疗时会请病人注意他那些负面想法，以便于了解他不快乐的原因。这类治疗的疗效一般都是不错的。但是，如此片面强调缺陷对另外一些病人来说却只会起到反作用。确实，正如我们前面看到的那样，治疗师花太多的时间对病人的不如意进行问诊，这可能会让病人更觉得自己很“不幸”。

这种治疗方法在抑郁症患者——讽刺的是，他们本就难以控制自己的负面情绪——身上得到的结果便可能事与愿违：他们可能会变得更消极，几次治疗反而会让他们感觉坠入了谷底！这就能解释为什么有些病人提前停止了治疗，还有的病人则对心理治疗很不满意，甚至冷嘲热讽。

并不是只有抑郁的人才会消极地看待这个世界，这种倾向具有广泛性。虽然我们通常都会特别注意消极事件，但是我们也可以通过训练变得更幸福。是的，某些练习可以训练大脑把注意力转向积极事物，从而限制我们天生的消极倾向。

举个例子吧。根据塞利格曼的理论，心理障碍的症状事实上也会导致疾病，而通过对这些症状的治疗我们可以影响大脑的运作方式。科学研究已经证实，当一个人感到沮丧时，其积极情绪会明显减少。他会更加孤僻，无法感受到日常生活中的乐趣，也无法参与一些有益身心的活动，他会觉得人生失去了意义。如果我们相信塞利格曼的理论，那么这类人的沮丧心态（无法感受到生活中的乐趣，无法参与有益身心的活动，觉得人生没有意义）可能会加重他们的不幸。主动介入以逆转这种恶性循环——练习享受生活中的小事，习惯参与一些有益身心的活动，并赋予人生某种意义——可以产生与抑郁症症状相反的效果。这就是一剂很强大的抗抑郁药方，这个药方对任何一个想要学会快乐生活的人都很有效。

| 享受快乐 |

调整精神状态，使其向着积极的方向发展，通过这种办法来学习快乐生活的能力，这使幸福成为可能。从本质上来说，这个过程就是通过训练让自己对正面情绪更敏感。这说起来简单易懂，可真的做起来就需要在日常生活中非常自律，且格外注意。

加利福尼亚大学心理学教授索尼娅·柳博米尔斯基（Sonja Lyubomirsky）在她的《幸福有方法》（*The How of Happiness*）一书中向我们介绍了几个简单的练习：心里想着一个与自己很亲的人，想着和他一起度过的美好时光和将来彼此见面时候的快乐，给他写一封信，谢谢他。她说，要变得快乐需要付出劳动，但这样的劳动可能是我们从未有过的快乐劳动。

> 索尼娅·柳博米尔斯基给我们介绍的练习之一——这个练习是柳博米尔斯基从马丁·塞利格曼那里借鉴来的——是在睡觉前花时间回忆一下刚刚过去的这一天中发生的三件美好的事。我和我的儿子，还有我的爱人，一有机会就会做这个练习。我们重温白天那些开心的事，然后寻思这些事都是怎么发生的，我们自己在事件中又起了什么作用。
>
> 仅仅只是花几分钟想想那些正面事件就可以激发一种安康的感觉。不仅如此，通过使我们习惯于注意积极事件，记住那些能够带给我们幸福的事件，这个练习还能“重新塑造”大脑。最终，它中和了我们的负面情绪，使我们与白天发生的不快乐事件保持距离。

从过去的一天里找出三个正面事件是幸福教程第一课里最具代表性的练习之一。这个练习的关键在于经常花点时间来回忆日常生活中那些琐碎而又开心的时光；更重要的是，它也让我们学会珍惜和享受慷慨人生馈赠给我们的那些美好时刻。

在奔波忙碌中暂停一下

我们都认识那么一些“能力超强的人”。他们需要在记事本上记上：17：30，与爱人有约——这项任务记录在买菜和陪孩子看电视之间。一旦约会完毕，他们会划去“与爱人有约”这条记录，并且怪怪地感觉完成了一件事。我承认，我自己就属于这类人。多么可耻啊！但我们不会意识到自己正在逐渐脱离人类而慢慢变成机器人。

对我们这样的人来说，停下来，什么都不做，或更甚者，停下来去享受一些小小的愉悦，是不可想象的。然而，这却也正是我们最需要的。要体会惬意愉悦的感觉，就应该先学会戒掉每周非忙到筋疲力尽、晕头转向不可的习惯。

你是不是也像我一样不懂得享受生活？你是不是也是这样一个人，为了成功完成日程表上那些重要事情而不惜一天到晚东奔西跑？我们会在睡前看一眼日程表上那些用铅笔划去的已完成事项，觉得这些事项是我们充实的一天的象征。我们不大安心地睡去，而第二天一大早，我们翻开记事本新的一页，又是满满一页未完成任务在等着我们。

这样的“坏习惯”必须改掉，我们不能以为幸福的人生不过是不断地把“重要事项”从某张清单上划去。除了这些要做的事，我们还应该懂得给自己留点时间，用来享受宁静，看看眼前的风景，以及感受室外的空气。据说只要短短几分钟，我们的心情就会好很多。

只需一两秒钟，快乐就变淡了

塞利格曼做了这样一个类比，他说享乐的感觉跟吃香草冰激凌的性质相同：第一口品尝的时候感觉很美妙，第二口味道就差了 50%，而吃第十口的时候，就味同嚼蜡了！不仅芳香和口感尽失，冰激凌还会慢慢融化，到处流淌。

我们必须明白人生终有尽头。过去已成过去，那些逝去的时光不会再回来。时间在这一刻偷偷溜走，就在你读这几行字的瞬间，它已经离你而去，永远不会再回来。永远不会!

幸福就在那些小小的快乐中，而这些快乐也不过就是我们生活中的匆匆过客。快乐总是稍纵即逝，因为它从来都是如此短暂。快乐无法持久，激情也是，它们的本质相同。所以我们要学会在快乐“来访”的时候好好珍惜和享受，还要懂得把握分寸。

为什么？因为快乐是在某种需求得到满足以后机体产生的反应。这个过程分三步：需求——回应——快乐。我饿了——我吃东西——嗯，好吃！在需求完全得到满足的同时，快乐的感觉也开始渐渐消逝。整个消逝过程只需几秒钟就足够了。如果很不幸，我明明不饿了却还接着吃，那刚刚还很好吃的东西就变得不好吃了！

快乐受时间限制，因为它只存在于某个特定的时间点。什么时候？就是你吃第一口冰激凌的时候。这时候享受到的快乐感觉最强烈。一天下来，当乌云和潮湿终于退去，阳光开始普照着大地，也温暖我们冻僵了的身体，这时候的我们是最快乐的。然后，快乐逐渐变淡，直到最终情绪不好也不坏。即使太阳一直照耀着，我们那快乐的情绪仍旧在变淡。这样的变淡趋势甚至能够低到中性线以下，使情绪变坏。当我们厌倦了太阳，转而开始寻找阴凉处来保护自己的时候就属于这种情况。

事实上快乐只能是相对的。舒适感的出现只是因为从“没有太阳”到“太阳终于出来了！”的转变，不过，从“受够了这太阳！”到“终于有个阴凉地儿了！”也能让我们快乐。“一直大太阳”或者“总有吃的”使快乐成为不可能。这就是为什么同样是孩子，穷人的孩子收到哪怕很简单的礼物也要比富人的孩子开心多了。

所以，快乐就是一门把握“幸运时机”的艺术：不仅要懂得利用不期而至的“幸运时机”，也要懂得将快乐最大限度地延长。把灵魂从所有的一切中解脱出来，完完全全地生活在当下……还要把注意力集中在我们现在的生活上，享受当下所给予的乐趣！

要不要现在就试试看？要不要先把这本书放到一边，花点时间感受一下，就在此刻，生活是怎样的？感受你的呼吸。你还活着！你看得到颜色、形状，也听得到声音。就在此时，生命在流逝——你的生命——然后，此时便不复存在。而如果你想要做另外一件事，在你眼中那件事比读我这几行字更有意义或更有趣，那不如就去做吧！我不会怪你的！

慢活

学会享受当下的快乐并不需要通过上冥想课。孩提时代的我们就已经懂得这么做了，只是这个能力被我们遗忘很久了，事实上，在我们开始有了工作或者为人父母的责任以后，它就与我们渐行渐远了。看看孩子们：他们懂得尽情地高兴、喜悦和欢笑，有时候他们会一直不停地做一些很简单的事，因为他们完全沉浸在了手头的事情里。

我们被训练成了这样的人：忘记了活着最重要的莫过于享受生活，而只会不要命地工作，这的确让人感到不可思议！为包括《国家邮报》（*National Post*）某专栏在内的多个报刊撰稿的加拿大记者卡尔·欧诺黑（Carl Honoré）在他的《慢活》（*In Praise of Slow*）一书中对当今人们对速度的无限崇拜提出了疑问。这项名为“慢活”的国际性运动并不是认为做什么都要拿出蜗牛的速度，而是强调要从快速和缓慢中找出更好的平衡来提高我们的生活质量。

塞利格曼给我们介绍了下面这个练习：在一周当中，花时间慢慢享受着去做某件往常我们总是不加注意迅速完成的事。慢慢地吃顿饭：点一两根蜡烛，细细品味每一小口饭菜和酒水；闻着香皂的味道慢慢泡个澡或洗个淋浴；听着我们最喜欢的CD或者看着路边的景色步行去上班或上学；在碰到某个同事、朋友、亲戚或者我们自己的孩子时，比平常多花几分钟时间看着他、听他说话的声音、问问他最近怎样……真的。

感受一下这样做带来的改变。仔细考虑一下用这种全新的方式去完成这些日常的事和我们自己的感受，将其与之前我们机械式的做法对比。这个练习我们可以想做就做。

享受人生的三个步骤

你是不是也像我一样，觉得减缓你那毫无节制的生活节奏很困难？三个步骤就可以让你成功地享受生活。这三个步骤来自于史蒂夫·鲍姆嘉纳和玛丽·克罗瑟斯的启发，它们易懂，却不易运用。

首先，要切实地以现在为中心。为了帮助我们做到这一点，我们可以把注意力集中在五官所感受到的世界里。让我们看看——我们看见什么了？我们的存在有 90%是基于视觉的。剩下的 4 个感官也是待以开发的快乐源泉：嗅觉、听觉、味觉和触觉。幸亏有了这些感觉器官，我们才得以如此真切地活着！听听……闻闻……摸摸……尝尝……我们感受到了什么？

其次，把困扰放在一边。我们的大脑里有如此多的想法——因为在小组会议上稍微有些多嘴了，所以担心同事们的想法；害怕不能完成所有已经计划好了的任务；孩子们在学校里遇到的困难；担心家里老人的生活；父母的衰老；还有我们自己的脆弱……暂时先把这一切都放在一边。这一条有些困难。我承认我很难做到。对很多人来说，这是不可为之事。如果实在做不到暂停这些想法，那么就把他们当成某种消遣性的背景音乐来接受吧，就像我们正在拟定下周的计划，而几个幼儿正在我们周围玩耍一样。这样我们也可以观察自己的思想，而不是与它们进行抗争。某个想法涌现，观察一下它，让它从大脑里经过。如果幸运的话，这个想法自己会消失。

第三步是学会一次只做一件事，还要全心全意地去做。更难的是，这一步要求我们集中精力忘我地去做。给予事情所有必要的关注，仿佛它占据了我们整个大脑，又仿佛我们已完全沉醉于其中。关键在于要把一件事放到优先地位。剩下的，就被虚拟地放在一边了。我们可以想象一个差不多大小的盒子，把剩下的那些让我们分心的想法都放进去。这样我们手头就只剩下要处理的这个事情了，剩下的都被关在盒子里了，我们可以完全投入地去做了。

把安康三部曲成功应用于实践，最好的办法是简单地取材于我们本就喜欢做的事。你有什么爱好？游泳、绘画、烹饪、音乐？就我而言，我喜欢在大自然中散步，且行且停，停下来的时候用心欣赏四季的交替变化。我喜欢看春芽初发，也喜欢看冬雪绵绵。在这奇妙的几分钟里，我完全沉醉在了周围的风景中，没有什么能够让我分心。这个过程给我带来的宁静和安详，我在回家后都还能感觉得到。

学会享受幸福同时也是寻找某种将惬意状态维持下去的办法，将美好的景象印刻在大脑中，收藏纪念品，或者将这样的经历与他人分享，这些都不失为好办法。我们也可以把某些可以代表我们的爱好、进行过的某次旅行、我们所爱之人的小东西放在我们的工作场所，把办公室变成充满个人情趣的场所。

心流的例子

心流（flow）是什么？心流又被称为“最佳体验”，匈牙利心理学家米哈里·齐克森米哈里在其《幸福的真意》（*Flow: The Psychology of Optimal Experience*）一书中介绍了这个概念。在这种状态下，沉醉其中的我们既不想现在，也不忆从前；我们不再抱怨，忘记了那些让我们夜不能寐的害怕和悲伤。哇!

这个状态跟我们“朝八晚五”时候的典型状态正好相反。我们匆匆收拾好一切急着出门，生怕上班迟到；我们努力工作，希望可以把杂乱文件堆成的高山变矮；午餐时候，我们匆匆付了饭钱，又匆匆赶去买家用必需品。相比我们日常工作时候的状态，心流就要不平常得多了。

两种状态间的区别简要概括如下：在日常生活里，我们对于正在做的事和我们所处的环境都有着清醒的意识。我们尽量安排时间做这个做那个，因为心里惦记着白天就要过去，时间会不够，通常这样的安排总是让人很紧张。尽管我们的注意力被各项未完成的工作和我们内心不断的自言自语所分散，我们对自己的行为相对还是有一定的控制力的。

心流与这种状态截然不同。处于心流状态时，我们对此时此刻此地正在发生之事的兴趣之大，可以说是如痴如醉，这种兴趣表现在注意力的高度集中上。它改变了我们对时间的感觉，总让我们觉得时间过得太快。事实上，当我们处于心流状态时，外面的世界和时间都不存在了。

处于心流状态时，我们觉得自己所有的想法和情绪仿佛都被集中起来了，它们和我们正在做的事已融为一体。即使我们所做的是一件要求很高的事，我们也会觉得自己完全有能力将它做好。当我们只为爱好而做某事，也就是说，做这些事纯粹是因为自己喜欢做，而不是为了得到什么，我们经常会有心流的体验。

运动、工作、学习、游戏或精神等领域的活动都可能给我们带来心流体验。遗憾的是，心流不仅存在于健康的情况中，某些让人上瘾的不健康的活动也能带给人心流的体验。一个病态的赌徒可能会因为过度沉迷于“老虎机”，而忘了自己正把所有家当输个精光。

即使不沉迷于游戏或赌博，也不吸毒，我们每个人也都有过心流体验。有的人完全投入在了一场曲棍球、网球或足球比赛中，他们为了争夺冠军而忘情地战斗。有的人跳着慢舞或玩着摇滚就感觉和自己的舞伴合为一体，或者完全沉醉于音乐的世界中。画画、写作、做爱，这些活动也经常能给我们带来心流体验。你在哪些情况下体验过心流？

心流给人一种得到了彻底解放的欢欣感觉。这种状态可以帮人减压。米哈里·齐克森米哈里认为，经历心流状态的人的安康感非常强烈。他调查的很多人在描述这种状态的时候都用了“being in the flow”或“flowing”这样的词汇。要体验心流不需要有多么杰出。参加米哈里·齐克森米哈里的研究的人各不相同，为了充分揭晓人们是如何成功地投入到他们的爱好中去的，他采访了很多人，有普通人，有工厂工人，也有艺术家、攀岩爱好者、国际象棋大师和外科医生。

| 多做点我们已经做得很好的事 |

每个人都有他自己的充分活在当下的方式。每个人也都有他自己的快乐方式：有人乐在充分发挥自己的能力接受工作挑战，还有的人乐在烹饪、园艺、装饰家园、挑战运动项目、组织旅行或其他什么特别的活动，等等。

幸福教程的第二课主要讲的是多做点我们已经做得很好的事。换句话说，想要生活幸福，还有一个办法，就是发现自己的才华，并尽量开发。让我们来回想一下：在什么情况下我能够最好地发挥？我们在哪些领域比较有经验、比较熟练或最自在？在家修修补补、逗孩子笑、锻炼、熨东西、给朋友解决电脑问题、写故事、调解矛盾、想些特别的主意、倾听心里话，等等。好好利用自己的长处我们就能更幸福。这是不是又有点太简单了呢？

的确，说到把自己变得更好，我们首先就会想到超越自己的极限。犹太基督教文化告诉我们，如果要上天堂，就必须摆脱恶习。我们确实可以渴望通过根除缺点来“感化我们罪恶的灵魂”，尤其是如果这些缺点使我们自己和我们所爱的人饱受痛苦。而另外还有一个可以让我们变得更开心的办法，就是利用我们的优势。

你已经猜到了，这一类乐趣不同于享乐。享乐的感觉主要由感官给予：听让我们觉得舒适的音乐；吃我们最爱吃的菜；欣赏落日；感受夏日的微风拂过我们的肌肤；做爱的时候达到高潮。而且，我们也已经看到了，享乐的短暂性决定了它的无可持续。它在我们享受它的同时衰竭，就好像燃烧的蜡烛，又好像再美的音乐如果我们成天单曲循环也终将令人无法忍受。

19 世纪法国作家巴尔贝 · 多尔维利（Barbey d'Aurevilly）说："享乐是疯子的幸福，而幸福是智者的享乐。"然而，与享乐相反，当我们所有的不仅仅是感官的存在，还做了一件让我们得以实现自我的事时，我们便会突然因为提高和超越了自己而觉得幸福。如此，不同于即时的享乐，我们感受到了持续更久的满足和自豪。我们还可以这样解释两者的区别：一个人可能会因为疾病而无法享乐，但在某些情况下，他即使病着却仍然可以觉得幸福。

另外，做一件挑战我们的强项的事必然也是让人乐在其中的。很多时候我们投入进去，然后做着做着便会觉得做起来不似起初那般费劲，而越来越如鱼得水、酣畅淋漓。这一堂幸福课并不是专门针对有年龄优势的成年人的。青少年和老年人同样也可以根据自身情况，在适合自己的活动中实现自己的价值。

与同龄人相似，我儿子也有他的个人爱好，其中之一便是冰球。一上冰球场，面对着他野心勃勃为之而战的球分，他便完完全全地投入其中了。他从不错过一次和他的朋友一起打加拿大 VS 美国的模拟比赛的机会。至于我那已经到了该“过平静生活”的年纪的母亲，则从拼字游戏中找到了快乐。她在这个填字游戏以及打高尔夫球中的天分，很少有人能够超过她。最重要的是，她还拥有很多可以让她自己和与她在一起的人感到幸福的美德。

普通人的美德

贝多芬和莫扎特用他们精湛的技艺吸引了我们的灵魂。古今那些伟人——比如牛顿、圣女贞德、马丁·路德·金、约翰·肯尼迪、西蒙娜·德·波伏娃、路易丝·阿伯（Louise Arbour）、曼德拉——因他们的智慧、人格和信仰而在历史上永垂不朽。在我们周围，普通人的美德同样使他人受益。

美德不同于一个人职业上的才能、竞赛时候的出色发挥或者改变世界的本事。它指的是人身上某种公认的作为一个人的好品质，用我们日常的话来说，就是他“是个好人”。

美德是一些复合、普遍、恒久的天性，它甚至有可能已经通过人类物种进化过程这个媒介嵌合在了我们的生理基因里。这就意味着美德从蒙昧时代起就已经有了发展，久而久之，它成了我们人体完整构造的一部分。

并不是只有圣人才是道德高尚的人。想想你周围经常联系的人，或者那些你在路上碰到过的人，你肯定会找出那么一两个榜样来：某个退休了的邻居以帮你盖工具房为乐趣；你孩子的老师激发了孩子的学习兴趣，还令他对自己更有信心；你的朋友或者你的母亲，他们总是能够原谅你的笨手笨脚。

那么具体来说什么才能称得上是美德呢？塞利格曼和克里斯托

弗·彼得森在编写被戏称为 UNDSM（因为之前提到的那本收罗心理学病例的大典叫 DSM，这里的 un 是英文前缀，可翻译成“反精神疾病诊断与统计手册”。——译者注）的《性格力量与美德：分类手册》这一工具书的时候，定义了六大美德：智慧、勇气、人道主义、公正、节制和超脱。我们可以做个练习来看看我们周围的人——父母、同事或者某个熟人——看看和他们对应的有哪项美德。

罗伯特的智慧

罗伯特是我们一个退了休的同行。我不知道他究竟多少岁了，但就像人们说的，反正他留在身后的岁月肯定是多于他眼前的日子了。当他那真诚的目光落在我身上的时候，我感受到了一种莫名的慈爱，得到了某种无法言说的鼓舞。当我向他征求意见的时候，他总是能够把道理从各方面细细跟我讲清楚，他从不认为真理只有一个。尽管他在业界经验丰富，但是他仍然无比谦逊，还有他的宽容和对美的欣赏力，都是圣贤者特有的美德。他的睿智来自于他的人生经验，是生活经历给了他如此的智慧。

劳伦斯的勇气

劳伦斯是个勇敢的年轻学生。她总是第一个响应做项目，出面帮助其他同学，或是举手提问。她积极发言，哪怕她的想法有多么怪异。有时候她的同学或者老师并不很赞成她这种特别的“出头”方式。但是不管怎样她都挺直胸膛地站着，不顾一切地表达她那与众不同的观点，即使受到嘲笑也毫不动摇。她具有保罗·田立克（Paul Tillich）

笔下那种“存在的勇气”（the courage to be），这是一种内在动力，可以战胜对对手的害怕。劳伦斯因为她的思想、经历、与众不同和意愿而成为一个有勇气的人。还有些人的勇气则表现在对疾病、失败等不幸的坦然接受上。

药店女营业员的人道主义

人道主义通过人类最自然、最普遍的感情来表达，比如爱、同情、仁慈、尊重和慷慨。它是用亲善的眼光来看待别人。人道主义是当我们超越了对权力和财产的欲望，当仇恨和愤怒在我们的生命中不再有意义的时候，所剩下的一切。人道主义，我每天都会在路上碰到。它无处不在：这个陌生女人不嫌麻烦地祝我度过“愉快的一天”是人道主义；药店女营业员体贴地告诉我哪里可以买到她那里断了货的药是人道主义；急诊处的医生对吓坏了的病人体现出来的人情味是人道主义；比赛进行一段时间后曲棍球教练对我儿子的鼓励和夸奖也是人道主义；我的爱人在我入睡前深情地将我搂在他怀里还是人道主义。

妮可的公正

表现公正在于要用同样的标准衡量自己和别人。它要求我们在为人处世中有足够的冷静和充分的辨别力。往大了说，是要满怀为社会健康发展做出贡献的信念，是在被询问时如实回答，也是积极参与各种社区倡议。我的同事妮可就有这项美德。她平等地对待组里的每一个同事，一点也不偏心。她认真倾听每个人，有求必应，她还认真分析、比较每一种不同的观点，并试图找出让他们共存的办法。妮可的公正还不限于此。她还非常慷慨，对朋友、亲人和同社团的人一概有求必应，哪怕为此她不得不把工作和个人需要暂时放在一边。

诺亚的节制

诺亚有注意力不足症，该病症在他身上的主要表现是容易冲动。诺亚为了学会克制自己的冲动而做出的努力真的是很令人佩服！他成了一个懂得在争端爆发前成功抽身而出这门艺术的小师傅。他成功找回内心的平静的能力更是令人赞叹。他会在犯了错误的时候请求原谅，也知道什么时候自己是对的。虽然他还很小，但是他肯定已经有资格给那些因为控制不了自己而做出不可原谅之事的男人上课了。他所表现的就是我们称之为节制的美德。当情势所迫，他便学着克制自己的冲动。对我们中的每一个人来说，节制是懂得控制我们各种形式的过度行为：饕餮、酗酒、吹牛、易怒。凭着我们对自己的清楚认识和生活给我们的智慧，我们完全可以做好这一点。如此，我们既避免了伤害他人，也做到了真正意义上的宽恕。

马克的超脱

马克是我的一个好朋友，他在工厂做事，同时也是工会会员。他成功地克服了工作给他带来的苦涩感觉。他把工作当成通过发挥自己的专长来帮助别人的工具。也正因为如此，他做事抱着不求回报的态度。这样的工作态度使他明白了人生最重要的事莫过于爱和给予别人帮助，它们超越了愤懑和怨恨。他找到了活着的意义，也拥有了一种很高的品质，即超脱。作为一个超脱的人，马克认为，那些日常生活中人们担心的事——外貌、豪车、自己是否讨人喜欢或者是否被某个群体接受，等等——跟人类的信仰和本质相比，都是次要的。

培养美德

你眼前所展开的这本书所阐述的观点中，不言而喻隐藏了这样一个理论：心理健康——有时候甚至是生理健康——来自于个人所拥有的美德。这是一个很高的要求。本书到目前为止，以及你接下来将会读到的那几页，都在阐述一个很大胆的想法：培养美德有利健康。

个人发展要从对自己的美德的发现开始：“我可睿智、勇敢、有人道主义、公正、节制或者超脱？”一旦清楚了自己性格中的美德，我们就可以培养他们了。如何培养？通过寻找那些需要你的智慧、你的人道主义、你的公正、你的节制或者你的超脱的机缘。

利用我们的性格力量

在我之前提到的塞利格曼和克里斯托弗·彼得森编写的诊断人类健康面的工具书中，每一项美德都由几种优点构成。以智慧为例，它由创造力、好奇心、思想开放和热爱学习等优点组成。而超脱尤其可以通过对美的欣赏力、感恩之心、灵性和幽默来体现。两位作者总共为这六项美德写了 24 种性格力量。

从一个人身上找出性格力量要比找出美德容易。尤其是对我们每一个人来说，培养前者要比野心勃勃地努力——即使这样的努力是完全值得的——变得更具有美德要容易得多了。性格力量是内在的——也就是说是天生的——或是通过后天培养获得的。从这个意义上来说，它具有一定的可塑性：如果我们能够坚持加以训练，那么性格力量便可发展壮大。性格力量是个人特有的思维和行为方式，它既是个人的本性，也是个人的所为。换句话说，如果一个人通过某个行为表现出了某种性格力量，那是因为在某种程度上他“拥有”这种性格力量。

> 你是不是一个好奇心很重、思想开放的人？你是不是对某些课题特别感兴趣，并且很喜欢读这方面的文字？那么，就给自己点时间把你感兴趣的东西学个透彻！你可以注册上远程教育的课，也可以经常去书店看看或办张借书证。你还可以加入兴趣小组，与和你兴趣相同的人分享经验和心得。但是首先，你得先学会认识自己。
>
> 你很勇敢？那给自己一些挑战，看看你到底有多大胆。你很热情？那多办办聚会，和亲朋好友庆祝些开心的事！你很善良？那把你的同情拿出来多照顾照顾弱者。

性格力量是我们“可以做好某事”的本领，通常对社会来说这样的本领“很好很受欢迎”。但是，没有人可能具备一切优点。比如说，爱丽丝厨艺很好，还是一个很有天赋的室内装修家，但是她却检查不出儿子听写作业中的错别字。再比如说，皮埃尔在工作中是个颇受好评的化学家，在业余时间对国际象棋很着迷，但是他却不大爱社交。

所以，同一人群中每个人性格力量的表现是参差不齐的。我们用不着担心，因为一个人想要拥有所有的性格力量是不可能的。一般来说，一个健康的人拥有足够的、程度不一的各种性格力量才能够使其适应他生活的某些方面。

塞利格曼建议我们用一个完整的包括 240 个问题的问卷[①] 来给自己建立一个心理肖像——他将之命名为“性格力量签名”。下文中的清单是用来代替这个长长的问卷的。这个清单列出了那 24 种性格力量，我们要在其中选择能最贴切地形容自己的 5 条。接着，我们就要尽可能地利用这几种优势。我建议大家先读完清单里的每一条内容，然后再来起草属于你的清单。

性格力量

创造性：能用创新、有效的方法思考和付出行动，这包括但不限于艺术上的成就。

好奇心：从每次不同的经历中发现乐趣，对某些有意思的课题非常感兴趣，对新事物持开放态度，乐于探索。

思想开放：看待事物全面透彻，不急于下结论，能根据事实和事情的发展调整自己的思想，能全面公正地对事情做出评价。

热爱学习：爱学习，喜欢拓展并深化知识储备和各项技能。

洞察力：能够根据常识和经验审视世界，正确地思考

① 该问卷在以下网站上免费提供：www.viasurvey.org。

和行动，具有足够的智慧给他人提供良好的建议。

勇敢：在害怕和痛苦面前不退缩，面对反对意见依旧直言不讳；勇敢包括但不限于身体上的勇敢。

坚持：即使困难重重也要做到有始有终，享受完成任务的过程，并切实地完成任务。

正直：以真实面目示人，接人待物诚恳、正直不浮夸，对自己的感情和行为负责。

热情：充满活力和能量地追求生活，全力以赴，把人生当成一次大探险，要充满热情、生气蓬勃地活着。

爱：珍惜和欣赏身边的人，重视与他人的亲密关系和深厚感情，与人亲近。

仁慈：慷慨、为他人着想、具有同情心、助人为乐、关心照顾别人、做一个善良的人。

情绪智力：有自知之明，对自己和他人的情绪和动机有清醒意识，能够根据不同情况做出正确判断，使其行为举止适应不同的社会场合。

责任感：在团队合作中忠诚投入，为完成任务做出自己的贡献，作为团队的一员能够与其他团队成员很好地合作。

坦诚：用同样的正直对人对己，说话真诚，做事坦率，对人公正，给每个人同样的机会。

领导能力：用该能力鼓励和带领自己的团队，努力促进团队内部关系，以团队利益作为自己行为的准则。

原谅和宽恕：能够原谅自己，也能原谅他人，懂得请求原谅，接受自己和他人的缺点，不打击不报复，给人第二次机会。

谦逊：虚心待人，不因自己的为人和成就而以高傲示人，对他人表示尊重和重视，避免骄躁作风。

审慎：慎重考虑自己的选择和行为可能会带来的结果和影响，不冒无谓的险，也不做过分的事；不做会后悔的事，不说会后悔的话。

自我调节：对自己的行为三思，并从中吸取教训，在处理事情的时候能够驾驭自己的情绪和行为，要自律，懂得节制。

对美和进步的欣赏：懂得欣赏美好事物（大自然、艺术、婴儿及孩童），对自己和别人在各种不同领域（日常生活、身体、科研发现）的进步感兴趣。

感恩：对生命的恩典有充分意识，花时间对他人和对人生表达自己的感激之情。

希望：积极看待事物，凡事向前看，认为未来会更好，并为之付出努力。

幽默：轻松地看待人生，凡事不要太较真，微笑、大笑、开玩笑、与人逗笑、嬉戏。

灵性：给自己的人生赋予某种意义，凡事要从自己的信仰、价值观或内心深处的向往出发。

现在大家可以写下最能描述你自己的 5 个性格优势了，接着，还请大家为这 5 个优势的每一个都写下至少一种在日常生活中发展和培养它的方法。

给予的快乐

拥有幸福与我们给人生所赋予的意义密不可分。赋予人生意义的最好办法之一——这便是幸福教程的第三课——就是给予。这里我们说的并不是要把自己完全奉献出来，而是在日常生活中保持一颗友善之心：关心、倾听他人，赠人简单亲切的话语。

> 哲学家、神学家哈罗德·惠特曼（Harold Whitman）有句名言，给很多人在他们前进的道路上留下了深刻印象："不要问这个世界需要什么，而是问问你自己，什么给你带来活力，然后去做，因为这个世界最需要的就是有活力的人。"因此，给予既不需要像神一样地无私奉献，也不要求我们成为特蕾莎修女、甘地或耶稣。给予，不过就是充满活力地活着，并把那些令自己充满活力的元素与人分享。所以，美德的奥妙其实人皆可得。

所以，赋予生命意义的秘诀，在于用我们的优势来为他人服务，在于超越安康是我一个人的事。这一课让我想起了牧师在周日教堂做弥撒时候的演讲。它给我的感觉是，我们谴责自私——正如教会曾经做的那样——提倡每天无私对人。几十年后，我们是不是还要回到每天做"好事"的主题上？事实上，某些有关慈善的道德标准确实在回流，但是，如今的这些慈善标准并不带有曾经那般浓重的说教意味。

乐善好施的幸福

约翰·斯图尔特·密尔（John Stuart Mill）用他的功利主义哲学宣扬人生的意义在于将享乐最大化和将痛苦最小化。有乐赶紧享，要吃苦赶紧跑，这个信条的魅力还真是叫人难以抵挡！该理念中“享乐”的概念并非严格意义上的自私，因为只要某个行为能够为尽可能多的人带来尽可能大的快乐，那么这个行为便是“好”的。与他同时代的马克思曾经说过：“最大的幸福便是给他人带来幸福。”

密尔和马克思关于自由和功利的理论与当时社会的宗教信仰形成了强烈对比。但是两者又都宣扬了一种“乐善好施的幸福”，即无私。如今，这种人性本为他的观点重新回归。很多关于幸福的著作，即使是目前最新的，也都把实现精神道德标准——甚至宗教道德标准——作为解救人类痛苦的妙方来讲。

这里我们要说明的是，当代关于幸福的著作大多是在美国出版的。而上帝的信仰率在美国、爱尔兰、波兰和希腊这些国家是最高的。美国的官方格言“我们信仰上帝”（In God we trust）至今通用。而加拿大和很多欧洲国家的情况就不同了，这些国家的大部分人周日不是去教堂，而是去滑雪，或写作业、加班。在这些地方，用宗教——以及宗教的道德标准——可以给人带来幸福这一观点来说教显然是不太会受欢迎的。

利他主义的回归

爱尔兰心理学家乔治·彭斯（George Burns）在一次讲座上讲述了他给他 6 岁的孙子讲的一个寓言。小鸟、兔子、猴子，还有一只大象，一起在森林里散步，发现一棵参天大树上开满了很多美丽的鲜花。它们想要采一朵鲜花回去，好把种子种在它们自己的花园里，但是大树太大，花朵长得太高。于是，它们团结一致，互相帮助，一个站在另外一个的肩膀上，最后它们成功地摘到了树上最美丽的花朵。

孙子在听完这个故事后说："爷爷你看，除了兔子其他每一个动物都可以不需要帮助自己摘到花朵：小鸟可以飞；猴子可以爬树；而大象只要伸长鼻子就可以摘到花了。搞得这么复杂很可笑！"

你大概觉得这个孩子小小年纪很聪明。可以肯定的是，他的想法跟他所生活的时代是完全相符的。大众文化和心理学众多学派一样，从 20 世纪 60 年代起宣扬一种健康的自私性。从心理学的角度来说，这个时代的人是自食其力的。他们独立、自己会照顾自己。他们担心的是家庭和工作之间的平衡；他们考虑的是自己的需要和愿望，并努力满足自己；他们花钱做按摩、买新衣服、给自己安排各种文化节目来厚待自己。关心自己是潮流！

然而，与这些新风尚相反，有研究向我们证明，利他主义和幸福之间有着不可否认的关系：那些为他人奉献自己的人要比其他人更幸福。更令人震惊的是，相比把时间和精力只用在自己身上，为别人付出时间和精力给我们带来的幸福更多。有研究将两类不同的行为分别对个人安康的影响做了比较：该研究将研究对象分成两组，第一组成员要做的是舒服地享受时光（看电影，泡澡，等等）；另外一组要做的则是为他人付出时间。让大多数人都感到意外的是：那些舍己为人的人内心得到的满足要远远大于另外那些舒服享受了时光的人。

利他主义不仅能为我们的生活带来幸福，而且是治愈系里面的一个重要构成因素。美国作家安德鲁·所罗门（Andrew Solomon）在他的《走出忧郁》（*The Noonday Demon*）一书中，向我们展示了抑郁症患者从帮助他人过程中所获得的健康方面的成绩。只是，对利他主义者行为的尖端研究所得出的结果终究还是与潮流相逆。就连上文这位爱尔兰心理学家年幼的孙子都很明白这一点。但是，对一个不快乐的人来说，又似乎的确是与其老想着自己的问题，还不如把精力放在为别人着想上。后者能够提高他的自身价值，还可以将其注意力从令他不快乐的事情上转移开来；而前者虽然给了他倾诉的机会，但同时也可能使他念念不忘自己的问题，并且就这么一直深陷其中而无法自拔。

和蔼亲切：一种抗抑郁疗法

根据当代心理学的说法，“关爱自己”是抵抗不适的好办法。的确，这是有道理的。但是，“关爱别人”同样具有很大的治疗作用。两者相辅相成，互相补充。“做好事”、利他主义或亲切，对健康的影响之大可以说是克服心理障碍的特效药。

多项研究证实了为人亲切和蔼对健康的积极影响：减轻了我们的压力，而压力的降低又可以使我们的各项生理机能得以正常运行。整体说来，亲切的人内心更平静，他们的复原力更强，也更容易从病痛中恢复健康。反之，正如美国阿拉巴马大学伯明翰分校的特洛伊·古德曼（Troy Goodman）说的，易怒的人患心肌梗死的概率要比一般人高三倍。

芭芭拉·弗雷德里克森认为，每周一个亲切和蔼的行为可以明显地让我们的生活变得更幸福。原来幸福就这么容易，不是吗？

有一天，我的心情不是很好，我便离开家到城里闲逛。坐公交车的时候碰到有位老奶奶因为没有座位而站着，我便把座位让给了她。我感觉自己为老奶奶带来了快乐。后来走在人行道上，一个陌生人对我微笑了一下，这又让我觉得心里很温暖。再后来，碰到一个正在跑步锻炼的年轻人，我对他表达了自己的佩服。我相信年轻人听了以后会很开心自己能够被肯定。待人亲切不仅令我开心了起来，还让我原本的不快都烟消云散了。我度过了一个很愉快的下午！

所以待人亲切不仅可以令对方开心，还可以——或许是尤其更可以——为自己带来安康。对那些成天郁郁寡欢的人而言，享乐带来的快乐稍纵即逝，但有意识地亲切待人却可以更长期地改变其心境。利他主义的效果可持续一整天、甚至好几天。

待人亲切是针对抑郁烦恼的一种治疗手段。根据心理学上一个“助人为乐”的观点，似乎帮助别人比接受别人帮助更有益于健康。千百万的义工每天都在现身说法。出手帮助那些伸手求助的人不花钱，却是治病良方。当我们心里想着穷人，并拿出自己的一点东西跟他们分享时，我们对物质和存在（生、老、病、死）的担忧便消失殆尽了。

宽恕可以带来同样的收益。我们在原谅他人的同时也送了别人一份“善意的礼物”。关于这个理论，《感恩：成功花朵的快乐种子》（*Thanks!: How the New Science of Gratitude Can Make You Happier*）一书的作者罗伯特·艾蒙斯解释说，宽恕把我们从仇恨和报复的禁锢中解放出来。“我一定会报仇的……”当有人伤害了我们的时候我们经常会这么对自己说。而原谅意味着放下愤怒和报仇雪恨的欲望带来的重担。一旦重负解除，我们也会感觉更轻松。

学会感恩

罗伯特·艾蒙斯阐述了经常感恩带来的好处。我这里有个好建议：每周想 5 个让我们感激的情况来代替我们日常的烦躁不安。按这个建议做的人在面对生命的时候更乐观了，他们眼中的未来也更美好了。他们觉得自己变得更有感情，更容易原谅他人，也变得更快乐，还会做更多的身体锻炼，也更不容易得病了。

失眠的大人小孩们，与其数绵羊，不如让我们来数数生活中那些让我们感恩的事！艾蒙斯建议我们用这个方法来入眠。他认为睡眠上的困难反映了身体健康水平的下降。孩子们会因为怕黑或怕孤单而睡不着，大人们则会因为想着心事而睡不着。艾蒙斯因此建议我们把日间碰到的好人列一个单子；对发生过的愉快的事件感恩；感谢人们的微笑、对我们的帮助，感谢我们的亲人的存在，感谢生活带给我们的好时光。归根结底，我们可以感谢生命的全部，他引用美国诗人、散文家玛吉·皮尔西（Marge Piercy）的话说道：因为生命是我们收到的第一份礼物。

塞利格曼也给我们介绍了一个叫作感恩拜访的练习。在一周里想一个我们敬佩或者心存感激却从来没有好好谢过的人。然后写一封信，用两三页信纸描述他对我们的帮助，以及他是如何改变了我们的人生的。接着，约他见面，但是不要告诉他为什么。等到见面的时候出其不意地拿出你的信，大声念给他听。

如果感恩拜访无法成行，那就每天找点时间对那些对我们好的人表达我们的感激之情。我们的母亲可能并不知道我们内心如何深深感激她生养了我们；我们的朋友肯定没想到她在关键时刻帮我们看孩子对我们来说就像是溺水时候的救生圈；我们的教授也不会知道他对我们的某次表扬影响了我们一生的职业生涯。向他们表达谢意，这对我们自己和他们而言都会是生命中很美好的一剂润滑油。

如果我们可以做一次这样的感恩拜访，那么它很可能会是一次终生难忘的经历。的确，这个举动可以带来极大的积极转变。为什么？因为不管是痛苦还是快乐，我们通常总是把自己的内心包裹得严严实实，闲人免进！有时候只有我们的爱人或治疗师才知道某个人对我们来说有多重要，他对我们的人生又起了多么大的影响。这个练习有益身心健康。它让我们把藏在自己心底的属于别人的东西物归原主，它给我们带来感动人心的时刻。

感恩拜访要求我们有勇气打破社会传统惯例，以及面对一定的尴尬。一般来说，当我们表达感激之情的时候，总有那么点儿局促的感觉。这种感觉萦绕在我们心头，仿佛表达感激之情是件很奇怪的事。当感恩被视作某种与自我满足能力相悖的脆弱时，它便给了我们很不舒服的感觉！感激使我们内心充满了各种情感，让我们变得谦恭，因为这样，我们为了不亏欠任何人而宁可逃避或者拒绝某个赠品、某种表扬或某次帮助。

感激之情不是北美人最喜欢的情绪。另外，加拿大和北美的感恩节对很多人来说已经失去了其本来意义。美国人——尤其是男性——似乎更加轻易不言谢了，他们越来越认为这个举动令人不舒服，甚至觉得丢脸。实际上，男人也好，女人也好，我们有时都会为了避免让人看到自己的脆弱，或因为觉得可笑而把我们的感激之情尘封在自己内心里。另外还有一个问题就是，其实我们都因为缺乏实践而不知道怎么表达这种感情。我们找不到合适的词汇来表达自己的感情。就因为总不给自己欠别人的机会，我们最后到了连“谢谢”都不会说的地步。而总有那么一天，在某个对我们很重要的人离去时，我们会因为从来没有好好谢过他而深感遗憾。

心脏协调理论

美国心脏数理研究院（Institute of HeartMath）的创始人是世界上最早在心脏、精神和身体之间建立联系的人之一。他们发现，有些情绪，比如感激和亲善，可以使我们的心跳平稳连贯。心律在这样的情绪刺激下变连贯了，也就是说“怦怦”跳的声音规则、稳定，所以，他们把这种方法叫作“心脏协调理论”。而这种协调反过来又给身体带来益处。

加州心脏数理研究院向我们介绍了一个练习：通过回想生活中的美好事物来达到对身体有益的效果。我们从他们的练习中得到启发，下面向各位读者介绍下面这个练习：

闭上眼睛，放松身体。把注意力集中到心脏区域上——如有必要，可以把双手放到胸口。想象我们的每一次呼吸从心脏穿过和流出。不要强迫，慢慢地深呼吸。现在，请想一个令你觉得感激的人，或一件让你内心充满感恩之情的事。要努力去真实地体会这种感觉。试着从心脏所在区域去感觉。保持这样的感觉越久越好。

现在心脏协调理论已被视作一种治疗大病的医疗方法了。每天花 15 分钟做这个练习就能增加主要抗体——免疫球蛋白 A——的含量，这个抗体能防止病原体入侵。我们发现，经过一个月的锻炼以后，血液中焦虑激素——氢化可的松——降低了，而令人放松的 DHE 激素增加了。这个简单的练习可以对我们的身心健康起到显著疗效。

第16章 持续的幸福

有个朋友对我说，每当面临困难时，他都会问自己，对他来说最糟糕的事情究竟会是什么。一般来说，最糟糕的事并非如此可怕。这样的想法帮助他克服了人生路上可能出现的各种障碍。

如果世界上只有一个真理，那么，这个真理一定是：没有任何事物是绝对的。没有什么是永远的，就连生命本身也不过是时间长河里短短一瞬间的事。再大的痛苦最终也会慢慢变淡、消逝。那么幸福呢？有没有那么一种安康，是恒久不息的？有没有那么一种冷静的姿态，可以让我们永远只看到好的一面，永远用积极的眼光看待任何事情？还有，真的可以期待一直、永远的幸福吗？

峰终定律

假设夏天的时候你在佛罗里达州的迪士尼乐园度假。当时太阳当头照，酷热难耐；到处都是人，每次玩游戏项目都不得不排长队等待。

不仅如此，饭店还都很贵，吃的东西还都很差劲。然而，就在假期快要结束的时候，你看到了非常漂亮的烟花盛会。那是一种你从未见过的美景！然后当你对你的假期进行评价的时候，这场烟花盛会对你评价假期的影响会大过之前那些令人失望的细节。

有关我们情绪状态变化的发现之一是，事情的先后排序所起到的重要作用。结束时刻是最重要的时候。结局好的事件最有可能给人带来开心的感觉。知道这一点可以帮助我们给人留下好印象。一般来说，人对高峰体验，亦即最强烈的体验，印象最深刻。而如果这个体验正好出现在事物发展的最后阶段，那么其给人留下的印象则更是深刻。该现象叫作峰终定律（peak-end rule）。

> 有研究对两组做内窥镜结肠检查的病人做了比较，其结果完全出人意料。第一组病人接受的是照常的检查，而另外一组病人的检查过程要比正常的长一些，因为医生让观察仪器在结肠中静止不动地多逗留了 60 秒。不了解该检查的人——你们都是幸运儿——可能不知道，这个痛苦检查的最痛苦之处就是在仪器移动的时候。然而，觉得这个检查没那么痛苦的却是第二组病人，而且正是仪器不动的那轻松的一分钟给了他们对整个检查的好印象。

事情发生的先后顺序可以影响情绪波动。如果结局好的事相对比较美好，那么随着时间的推移，这种美好的感觉能维持到什么程度呢？

幸福是暂时的

不管喜悦来自于找回了儿时的玩伴，还是得到了够买一部新车的奖金，当时的喜悦都只能维持很短的时间。我们将会习惯于新的生活条件，而我们的安康程度又会跌回“正常”水平。

有科学家说，忧郁可以是长期的，而幸福却只是暂时的。根据这些科学家的观点，幸与不幸的区别是幸福需要不断地激活、唤醒，而不幸却是恒定的。他们完全搞错了！如果我们仔细观察，就会发现我们似乎能够适应一切。我们对或大或小的悲剧的适应和对幸福的习惯是一样的。工作上不愉快的一天、和情人闹矛盾、买的股票跌了，等等，这些都可以让我们时不时感到不开心。这些不愉快的影响一般来说都是暂时的。一段时间——一天、一周、一个月，或者对有些人有些事来说可能要一年——之后，我们中的大部分人又会找回他们惯有的心情。不管多大的喜悦或多么不能忍受的精神痛苦，最终都会变得平淡无奇。

我们是蹩脚的预言师

尽管我们如此坚信某事将完全满足我们的欲望，或者某个失败将会使我们的生活从此变得一团糟，但我们错了，我们一点都不了解自己的适应能力。我们总是在推测某事会令我们多开心或多么不快的时候预言错了。

> 加利福尼亚大学心理与社会行为学系教授罗克珊·席尔瓦（Roxanne Silver）发现，因意外而造成脊髓损伤——该损伤会带来终生残疾——的病人并不是只有负面情绪。事实上，他们的消极情绪随着时间的推移而渐渐减弱。在意外发生几个月之后，病人便会感到一种相对的安康，而且有时候感觉到的安康甚至可能多于痛苦。

在这一点上我们是蹩脚的预言师。我们总喜欢夸大各种事件对我们生活的影响，并高估我们情绪反应的强度和持续的时间。而事实上，事情很少会如同我们估计的那样美妙或悲惨。我们以为很重要的东西也并没有我们想象的那么重要。

第一次碰到让我们在心里说“就是他（她）了”的那个人时，我们仿佛已经看到会和他（她）牵着手一起走完人生。这幅理想的画面可经得起时间的考验？我们第一次找到称心的工作、有了第一栋房子、第一个孩子时，都曾经以为找到了永远的幸福。我们总是陷入这样的错觉：这一次一定“对”了！我们以为对方没有任何缺点，就算有，那他的缺点也是迷人的！我们以为这个工作永远都会这么吸引人，而且不会有任何累人的任务。我们私下希望自己的孩子是所有孩子中最可爱——他当然肯定是最可爱的——最优秀的。而每次，生活都会稍微——也有时候是很强烈地反驳我们一下。在某些情况下，我们只是稍微有点失望；而在另一些情况下，则是深感扫兴。然后，我们又会重新振作起来。

> 美国西北大学社会心理学家菲利普·布里克曼（Philip Brickman）和他的研究团队得出结论说，从长远来看，中

彩票的人并没有比别人过得更幸福。他们那种超出正常幸福水平的幸福感最多持续一年就会回到一般水平。

我们可能会以为一大笔钱或者一次升职可以给我们带来永久的幸福。用马修·李卡德的话来说，这样的错觉是一种“欣快垃圾”，它们一般都是短期的。他讲了这个由麦克·阿盖尔（Michael Argyle）引述的英国一位年轻女子赢大奖的故事：这位年轻的女子以为她会从此变得更幸福，但是现实恰恰相反。她辞了工作待在家里，却因此而无聊；她搬到了富人区，却因此而失去了自己的朋友；她给自己买了车，却不会开；她的衣橱里挂满了衣服，但是这些衣服一直都只是这么挂着；她顿顿可吃美味佳肴，却食不下咽，因为她最喜欢的其实就是简单的炸鱼条。在过了一年这样的富裕生活后，她得了严重的抑郁症。

别的彩票“幸运儿”成了家人和朋友争吵的中心，因为他们等着他用和他所赢得的钱数相称的慷慨来和他们分享这笔钱。“大把钞票”变成了“大把问题”！

幸福是这样，不幸亦是如此。以因意外事故造成瘫痪的病人为例：在事故中遭受无可弥补的伤害的人，最初都表现得很消极、很激动，但是这些情绪会慢慢减退。专家们说，一般在 8 周以后，相比他们身上的积极情绪，这些消极情绪就很有限了。事实上，人们经常会惊讶地发现一个瘫痪或得了重病的人仍然可以活得很幸福。我们似乎忘记了他们不仅仅是瘫痪病人，他们还是具有各种能力和长处的人。他们不断提高和享受自己的烹饪技术，走亲访友或读书看报，他们在自己的能力范围内快乐地生活着。

侧重点

为什么我们会成为蹩脚的预言师？有研究说，原因在于我们的注意力的聚焦点：在思考未来的时候，我们总是把注意力侧重在事物的某一特定方面。就彩票这个例子而言，我们心里只想着中奖意味着可以随意花钱；而针对残疾，我们看到的就只是身体行动的不便。我们忽略了其他会减弱积极或消极影响的方面。

> 想象一下如果你生活在法国蔚蓝海岸。现在，再想象一下你生活在加拿大北部冰冷的沙漠里。你是不是认为地中海海边的你肯定会过得更开心？你当然是这样认为的！而你也绝对不是唯一一个这样认为的人：加拿大人是这么认为的，法国南部的人也同样这么认为。大家都坚信这一点！而事实却是，我们夸大了气候这个因素对个人安康程度的影响，这是一个以为气候完全决定了个人幸福程度的错觉。加利福尼亚的冬天显然要比哈德逊湾温和，可是它并不能提高人整体的生活幸福度。

遥想未来是同一个道理。史蒂夫·鲍姆嘉纳和玛丽·克罗瑟斯举例说：当我们因为在某个新城市找到新工作而欣喜的时候，我们无意中就忘了去考虑很多现实的问题，比如新工作开始时适应和学习过程中的紧张焦虑、搬家的烦琐、与亲友疏离的可能、对旧址的怀念，等等。同样，我们错误地以为自己不会失恋，也不会被炒鱿鱼，或者还认为自己与大病是绝缘的。

适应原理

事过境迁、心情复归平静这一现象可以用适应原理来解释，该原理最初由曾在康奈尔大学和麻省大学任教的心理学家哈里·赫尔森（Harry Helson）提出。他是这么说的：在一段长度不一的时间的反抗、抵触或兴奋之后，我们学着适应新情况，然后我们又会回到从前的安康或不安康状态。

人类是一种很神奇的生物。他们可以适应各种生活条件：大富大贵、一文不名、恋爱、单身、出名、残疾！他们具有哈佛大学教授丹尼尔·吉尔伯特所说的“心理免疫力”。心理免疫力让我们能够与生活中各种事件，不管是正面的还是负面的，和谐相处。

我们是怎么做到去适应的呢？这似乎不大符合逻辑呀。对现状的感知基于与平常状态的对比。当某个快乐或者不快乐的事件与平常的状态形成反差的时候，精神就受到震荡了。比如，北极圈附近国家的居民总是特别珍惜温暖的春天的到来，因为他们的冬天冰冷而漫长。同样，在节食一段时间之后吃一顿美食就会感觉特别美味；而大汗淋漓地打完网球之后洗个淋浴就会特别舒畅。事物因为罕见而珍贵，因为常见而被忽视。

这其中有什么奥妙吗？我举个例子：你突然得知从今往后你的有生之年都要在残废中度过了。起先，你会很愤怒很沮丧。这毫无疑问是个很坏的消息！接着，这种状态慢慢变得日常了。于是，你的残疾便不是什么惊人的事儿了。在某种程度上，它成了你和你生活的一部分。换句话说，经过一段时间以后，你习惯了。

适应是个心理学原理，但也是神经学原理。神经细胞对新刺激的反应很激烈，但是渐渐的，它们就会习惯于这种刺激，从而使反应的激烈程度缓和下来。如此，新事物在一段时间之后就成了一般事物。事实上，适应就好比我们第一次戴隐形眼镜：起先，我们总是能够感觉到眼球上的镜片；过一阵子后，感觉就没那么明显了；而到了最后，就完全没有感觉了。

我们几乎能够适应一切

我们刚刚说，不管经历了什么，人都会回到原来的幸福或者不幸福的状态。其实这也并非绝对的。有两类事件是很明显的例外：失去爱人和失去工作。在这种情况下，当事人有可能再也回不到从前的状态。他们会平静下来一些，但是却不大可能回到和原来一样的状态。而有些严重的慢性疾病（比如艾滋病、癌症、关节炎）就更不用说了，一旦沾上，情绪就彻底毁了。

大部分人事后心情会恢复到跟事前“差不多”的状态。在某些情况下，他们会“稍微”更快乐一点或者更不快乐一点。因此，在对人的生活做了仔细观察之后，我们得出结论：人对境遇的适应是局部的，而科学家们所构想的适应原理忽略了我们日常生活中那些不大明显的短暂的情绪波动。

而情绪的波动要比我们想象的更厉害。它每天，有时候甚至是每小时，都在不动声色地变化着，它不是小河里荡漾着的优美微波，也不是湍流不息的激流，它更像是一个个断断续续、时隐时现的波浪。

下图描述的是吉尔的情绪波动。二月底，他得知自己得了癌症，这时候我们立刻观察到他的情绪一下子跌到了谷底。之前一个月他曾经对自己的财务状况做过计算，发现其资产减少了。他的情绪在那个时候短暂地低落过，但是，到就在被诊断出癌症前，已经调整得差不多了。四月，他遇到了一个迷人的护士。七月，他赢得了她的芳心。他提出交往，护士欣然同意。他的心情非常好。九月，他得了流行性感冒。十月，女儿告诉他自己怀孕了。

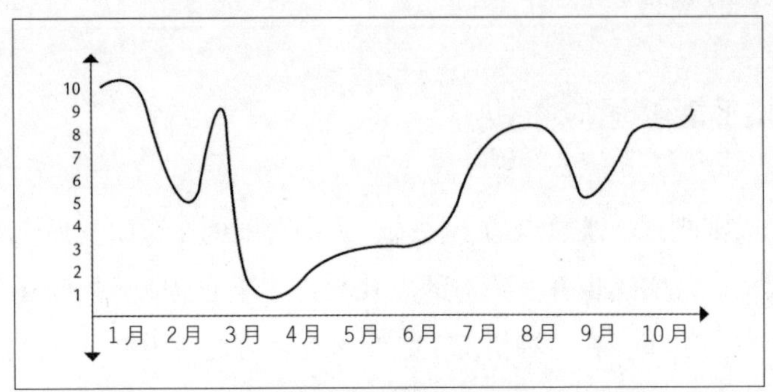

如果我们计算吉尔十月时——也就是得知自己得了癌症的 9 个月后——的安康程度，我们发现他几乎跟诊断出癌症前一样开心。科研工作者对适应原理的认可，是因为他们忽略了人们生活中时常会有的各种起伏。然而，这些起伏无论如何都是生活的一部分。

生活中的重大事件有能够影响我们内心状态的威力，但是，它的效力很快就会被我们日常那些琐碎的快乐或不快乐，以及我们的适应能力所平衡。事实上，适应原理是造物主对我们的恩赐。如果没有这种适应能力，我们将总是对外界刺激做出激烈反应 ，也将因此而死去。

另外，我们对新事物的敏感性是有保护作用的。它使我们在面对可能具有一定危险性的异物时保持警惕。这让我们想到了前文讲到的猎人在看到猛兽时的生理反应。但是，伴随该反应的兴奋需要消耗一定程度的能量，这种消耗如果持续时间太长，就会使人体机能衰弱。

从享受异国美味到事业上的成就到恋爱中的激情，所有的新鲜事物都是如此。刺激太少不好，但是太多也不好，因为它会“耗尽”我们身体的机能。

适应能力是一种无意识的反应，它让我们躲过了那些激动不安的情绪可能会给我们带来的致命伤害。当然，在某些情况下，我们也会为了“拯救自己”而有意识地去适应。比如，有的人放弃了自己很喜欢的某些活动，因为后者不利于其身心，也有的人为了身体放弃了事业抱负，或为了孩子放弃了一段不美好的爱情。有时候，智慧会促使我们在关系到自己和自己亲人的身心健康时拿出勇气做出非常艰难的选择，但我们的选择却未必总是明智的。

荒唐的选择

乔纳森·海特用骑象人的例子来诠释为什么有时候人类会做出荒唐的选择。大象象征了生活的本质。虽然骑象人——我们每个人——可以用手里的缰绳来驾驭身下的大象，可是大象有时却会不听我们使唤走我们想走的路，就好像还有另外一股神奇的力量在招引它们。

从前文可以看到，除去遗传和人生际遇，我们每个人也都有为自己创造幸福的能力。每个人都可以制定一些目标，然后用自己的聪明才智去实现它们。但我们真的都想要幸福吗？当然了。既然如此，那我们所有人是不是都在为幸福而努力呢？不是！我们选择的生活方式——最后又变成是这个生活方式自己强加给了我们——把我们变成了紧张而又轻率的人，我们都没有时间去开心。仔细回想我们每天所做的每一个决定，这些决定可曾表达了我们对幸福的真实渴望？肯定没有！我们偶尔都会做些让自己偏离幸福的举动。

我有个女客户，她因为一件令她恼火了很多年的事情来咨询我：她非常想要孩子，而她爱人却不想。她哭诉着抱怨说不知道该怎么办，请我帮助她。其实问题就是她在两个选择之间纠结：她的需要（要孩子）和她的害怕（失去爱人）。一般来说，人们都知道自己想要什么，也都会想办法满足自己，但是也有的时候他们选错了路。

每个人都是带着他对人生旅途上各种好的和坏的可能性的清醒意识，跟着自己的直觉，也就是心灵的智慧，走自己的人生的。为了能够幸福地生活，我们必须要学会迎接或包容困难，学会利用正面经历，使自己变得更强大。这是让我们的生活否极泰来的唯一途径。

痛，但是依然幸福

在某次种族灭绝大屠杀中，有个小女孩和其他很多人一起被抓了起来，关在一座肮脏的水泥房里。出人意料的是，小女孩很平静。令女孩儿平静的原因只有一个，那就是她不是唯一被关在这个人间地狱里的人。周围的人渐渐从陌生人变成了熟人。在这个散发着恶臭的牢房里，她吃着令人作呕的食物，被迫做着一些无趣的工作，可尽管如此，她依然平静从容。看守人也被她这种处变不惊的泰然态度震惊了。她年轻的身体尽管消瘦肮脏，却仍然散发着某种出淤泥而不染的美。

> 负责人为了“折磨”这个孩子，选她做了性诱饵！他们逼迫她走在河边长长的小道上，而女孩把她走过的土地当成了乐土，她从青草的清香和小鸟叽叽喳喳的叫声中感觉到了天堂的味道。他们命令她在河里洗澡，她便天使般地享受起了沐浴的乐趣。

还没看到结局，我就从这个梦里醒来了。我有时候会在睡觉前写几页书，这天晚上我写的是《痛，但是依然幸福》这一段。

幸福并不意味着没有痛苦。那是不可能的。痛苦是人生的一部分，它们在一定范围内是可忍受的。大部分人活着并不期望这些痛苦有一天会全然消失。最淡然从容的人用随性的态度活着，他们可以不顾一切地幸福着。最勇敢的人则把痛苦当作成长的武器。

大痛和日常之痛

我们每个人都会有这么一天，需要面对亲友的逝去。失去亲友不可避免会给我们带来情绪上的脆弱。好好地面对失去亲友的事实——也就是接受它——可以帮助我们恢复情绪。但也有的时候事实太残酷，我们一时很难接受，很难逾越情绪障碍。那种内心空洞、不明白为什么会这样的感觉——尤其是当去世的是自己的孩子或某个跟自己很亲的亲人时——可能会跟随我们一辈子。

大痛具有很强的破坏性，而且它们通常在我们毫无心理准备的情况下不请自来。一个隐蔽的恶性肿瘤、一次毁灭性的意外、一次处理不当让彼此受伤的分手事件，等等，这些都是大痛的例子。但站在这些可怕的痛苦的另一侧，我们每个人都可以相信，幸福并没有从此“消声匿迹”，它总有一天会回来。

也有一种痛是日常的，它隐匿在那些“讨厌”的日子里，可能是由与子女的些许不和睦，或是与朋友一次不开心的聊天引起的。每天我们都要经历些小小的考验：烤面包器把土司烤焦了、儿子上课又迟到了、会议很无聊、文件不停堆积、交警给罚单丝毫不容人解释、付款又要排长队（“每次我一来就排长队！”）、经期前的腹部反应、经年积累的劳累（还有流感也来凑热闹！）、下雨的周末和总是来得太快的周一。

美国心理学家、专栏编辑凯瑟琳·布莱霍尼（Kathleen Brehony）的《痛苦和磨难的人生意义：战胜挫折的 12 种对策》（*After the Darkest Hour: How Suffering Begins the Journey to Wisdom*）很好地诠释了这些问题（虽然书的封面看上去好像很平常）。她告诉我们，要带着“所有的下坡路走到尽头都是上坡路”的信念去穿越生活中那些阴暗的时刻。黑暗最终会被曙光照亮。命运的车轮不停地转着，而那些不开心的日子最终会过去，取而代之的将是幸福快乐的生活。

另外，在难过的日子里，尽管有希望是件好事，但是它却不能让我们免去日常烦恼之忧。正面情绪从绝对意义上来说并不能让我们彻底痊愈。它不能让病中的我们重新站起来，但是它能让我们感觉没那么难受。

接受逆境的勇气

在我们老家房子的地窖墙壁上有一句名言：“我们最大的荣耀不是永不跌倒，而是每次跌倒了都能爬起来。”这句话深深烙印在我心里，不论是在做心理学工作的过程中，还是在个人生活上，我都会时不时参照引用这句话。

幸福不在于对抗逆境，而在于接受它、承认它。幸福是要我们明白，人生虽然美好，却也布满了失望和失败。有说法说，一定的“逆境”甚至可能是心理健康所必需的，因为它们让我们成为更强大、更完整的人。就像佛教中的凤凰受浴火之苦，却终修正果，所谓凤凰涅槃。所以，挫折也为我们打开了人生路上一扇扇新的大门。

女人在感情破裂时觉得非常痛苦，男人在个人破产时觉得很丢脸，也有人在辛苦工作很多年以后突然被迫下岗。每个人都承认，当事情过去一段时间后，他们会感谢生活给了他们这些经历。这些经历虽然是如此的艰难痛苦，却让他们加深了对自己的认识。生活就是要有晴也有雨才能完整、丰富、有意义。若无黑暗，何来光明？

有时候，跌倒了就要有勇气重新站起来。当厄运迎面而来时勇于直视它，即使各种不幸如浪涛将我们吞噬，也要坦然接受，沉到谷底再反弹，最终把头再次伸出海面，自由呼吸。各种大灾大难向我们证实，勇气结合互助便总能战胜不幸。我想，贤者也会有因为不公而爆发“盛怒”的时候。他们会失去惯有的沉稳，然后原谅自己被愤怒牵着鼻子走，然后又找回原来的自己。

特蕾莎修女感谢加尔各答的传染病培养了她的同情心。生活这门课教育我们，仅仅对别人做到不伤害是不够的，还要帮助改善他们的生活。这证明我们有能力去爱、去感谢那些即使伤害过我们的人。如此高尚的智慧不是每个人都有的。

的确，如果说当生活一切如意时保持淡定和积极的心态并不难，那么要在不如意的生活中保持同样的心态就困难多了。然而，一个超凡的人会从不幸中看到幸运。

罗伯特·艾蒙斯给我们讲了作家埃利·威塞尔（Elie

Wiesel）的故事。威塞尔1928年出生于罗马尼亚，并于1986年获诺贝尔和平奖。15岁的时候，他和家人一起被押送到纳粹集中营，之后他的父母和妹妹相继在集中营中死去。威塞尔曾经说过，要认识“天堂”就得先见识“地狱”。无论多么痛苦的考验，我们必须学会有意识地跳出来看问题，才能从中发现美好的东西。在集中营里，这位犹太作家受尽凌辱，被折磨得筋疲力尽，而刺骨的寒冷更是不断侵入他本已虚弱且饥饿的身体。在战争结束的时候，他只说了一句话：“谢谢。”“谢谢你们用人道主义对待我。”经历过集中营囚犯日子的威塞尔，在之后的人生里，把在生活中看到的每一个微笑、每一次非暴力行为和每一个善意举动都当作生活给他的礼物。

埃利·威塞尔说，是灵魂建造了监狱的铁栏，要逃出监狱，我们必须越过那些由仇恨、愤懑、失望和烦躁的阴暗想法构筑的高墙。通往自由的道路是什么？是发现万事万物中的正能量，并对此满怀感激。

| 无论生活怎样平淡无奇，我们都能幸福地活着 |

你可知道我的生活有时是何等平凡！有时它不过就是一系列平凡事情的组合，而这些事情本身也不能自然而然地给我带来快乐。有时候，我恋恋不舍地起了床，很想再多睡会儿，但我还是会迷迷糊糊地下楼，给自己倒杯果汁补充维生素。然后做些健身运动，再冲个凉。我爱人和儿子这时候也会起床，我们互道早安，各自为自己准备早餐。

然后大家一起吃完早餐，再各自去刷牙。在这一系列习惯成自然的动作中，我们会一起说说话。最后，大家上班的上班，上学的上学。

我一天的生活就是这样开始的，就像一辆不知道要开往哪里的火车。各种工作和琐事会让我浑身无力，让我忙得像只无头苍蝇。然后我又回到了家里。我会深吸几口气，看看我的花草树木，看看天空，和家人讲讲这刚过去的一天。接着我爱人会辅导孩子写作业，而我会准备晚餐。黄昏时候，我一般会看会儿书或工作一会儿。有空的时候，我会陪儿子参加他的那些体育活动，和爱人到外面散散步，看看家人和朋友。我的生活平凡得让我觉得窘迫！

幸福不仅要接受大灾大难的考验，它还要接受平淡无奇的日常生活的考验。

家庭——地铁——工作，三点一线的生活对那些追求幸福的人来说是个挑战。要赢得这场挑战，我们就得从这三点一线中寻找暂停和思考的机会；在这个时候，我们不被日常生活中的琐事所打扰。我们要重视那些能让我们真正觉得自己在活着的活动。

可是，我们能够满足于每天黄昏时候仅仅那么几个钟头的幸福吗？难道永恒的幸福只属于那些“异人”？一个平凡的人如何才能超越日常生活的忧虑、找到内心的平静并得到幸福安康？有人建议我们做冥想。

心智觉知或专念

罗伯特·艾蒙斯给我们讲了一个突发性心脏病病人的事，这个病人后来做了心脏搭桥手术，但两个月后他的心脏病再次发作了。于是他决定做冥想。一年后，超声波检查显示他的心脏完全健康。

就在我们以为冥想不过是某种属于过去的古老而神秘的风俗传统的时候，科学家们却把它重新推到了世人面前。科学家们似乎把它当成了一种可以为大多数人带来安康的锻炼方式。也有人觉得冥想是通往幸福的唯一途径。

最近几年，神经系统学研究得最多的是一种名为“心智觉知”，又称“专念”——其英文名 mindfulness 或许更有名——的冥想方法。这是一种科学的冥想技术，其做法在于将注意力集中在此刻和当下，它对人类生理健康有着千真万确的益处。心智觉知将东方信仰和西方科学结合在了一起，它尤其受到佛教传统影响，并被某些科学家视作认知行为疗法的第三浪潮。

这项技术由埃伦·兰格（Ellen Langer）首先引入到心理学领域，后麻省大学医学院专念医疗健康中心（Center of Mindfulness）的乔·卡巴金（Jon Kabat-Zinn）又对其进行了深入研究。它曾多次被试验用于治疗心血管疾病和心身疾病，比如紧张、哮喘、高血压、慢性疼痛、抑郁、恐慌、焦虑、恐惧症，以及癌症和各种进食障碍。

乔·卡巴金的新作《多舛的生命之旅：运用身心智慧来面对压力、痛苦与疾病》（*Full Catastrophe Living : Using the Wisdom of Your Body and Mind to Face Stress, Pain, and Illness*）和《此刻是一枝花》（*Wherever You Go, There You Are: Mindfulness Meditation in Everyday Life*）把这种冥想方法带给了大众。麻省大学医学院专念医疗健康中心还在其网站上为我们提供了相关资料，以便让人更好地了解专念[1]。专念并不神秘，它也没有任何宗教色彩；除了我们自己，它不要求我们相信任何一个主或神；它也不要求我们出家或做苦行僧；它所需要的仅仅是我

---

① 要了解具体信息请访问 www.mindfulnesscentre.com/index.html。

们每天用来散步的那么点儿时间，在这个时候我们放下手中的一切，自由地呼吸。对你我这样的人，练习专念可以给我们带来不一般的内心的平静。

如何做到心智觉知?

每天练习一点点，心智觉知便会成为一种稳定的生活态度，这种态度让我们更有意识地享受现在，而不是任由生命从指缝间飞速溜走。一般来说，我们习惯性地做事，对自己的所作所为和成就没有真正的意识。我们散着步，灵魂便在方圆百里内漂泊；我们开着车，脑子里想着别的事。我们念念不忘过去或已经在考虑未来，却不会活在现在。而心智觉知相反，它让我们专注于现在在做的事。“身在、心在”，用心去体会感受，但不做评价。

马修·李卡德在他的《快乐学》（*Plaidoyer pour le bonheur*）中介绍了一种达到活在“此时、此地”的方法。怎样用几句话来介绍这个方法呢？首先要抽时间来放松自己，同时还要找到一个不会被打扰的地方。这样做的目的是找个惬意的地方舒服地安顿好自己。然后我们可以坐着也可以躺着，可以在花园里也可以在客厅里或在床上。如果实在没有理想的地方，我们也可以在办公室、公交车站甚至电影院找几分钟时间来放松自己。

最重要的是要调整呼吸。慢慢地呼吸。感受空气随着腹部的起伏在肺里的进出。我们可以想象一个画面，在心里给这个画面配上好听的音乐，回想一件开心的事，从心脏的位置去感受这样的快乐。当注意力开始分散，思想开始活跃——这是不可避免的——李卡德建议我们不要跟开始活跃的思想斗争。接受它，与之保持距离，观察它，让它们在脑海里浮过，就好像云彩在天空中飘过一样，然后，我们重新把注意力集中到呼吸上。心智觉知就在于用自由漂浮的思维——也就是说不去强迫它——去注意自己内心的变化；是感受自己的感觉，但不做任何评价。

这个练习我们每天都能做，不管是在早上还是晚上，或者其他任何时候。就技术上来说，15 分钟到 20 分钟足够了。

乔·卡巴金说七种态度可以帮助我们通过心智觉知来得到安康；甚至不需要通过冥想，这七种态度便可以为我们的生活带来平静。我建议大家把这七种态度抄写在一页纸上，以便牢记心底。这七条中的每一条都是金玉良言，我们可以用每周一箴言的方式充分学习和应用它们，让我们内心的智慧在它们的引导下成长发展。

充分意识到自己对这个世界的评价，并渐渐学会不做评价。认为世间万物都有其价值和意义，它们不好也不坏。

有耐心，让事物以它自己的步伐向我们靠近。

思想开放，对事物总是保持如同初次接触般的好奇心。

对生活和自己都充满信心，做真实的自己，并对自己负责。

不强迫，不期待，不去预想事情该如何发生、进行和结束。

接纳自己，尽量不与人比（我建议大家尤其不要与比自己好的人攀比！）。

保持放得下的心态，对物质财产保持“顺其自然”的态度。

生活早晚会给我们上一堂很重要的课，让我们明白：感受自己和感受生活很重要。无论是通过心智觉知还是其他途径，实现这样的感受可以帮助我们明白，思想和现实是两码事。至于生活，我们也可以换个角度去看。

临死考验

要真正开始换个眼光看待生活并不容易。一本好书或参加几次冥想纵然能够鼓励我们这么去做，但通常来说还是不够的，而且它们并非对每个人都适合。光靠一个理智的决定就想改头换面成为一个健康的人是不大可能的。只有当“其中还有情感因素”时，这种可能才会实现。有时候情感因素会参与是因为某个特殊事件，因为内心受了某种直觉的召唤，这促使我们想要改变习惯。有时候我们得要经历些重大挫折才能真正地改变。很多人在经历大悲之后开始重新定义人生的意义。他们会突然明白什么才是生活中最重要的。我在我父亲去世的时候猛然间清醒地意识到总有一天我也会死去。

埃塞克斯大学的心理学家菲利普·科佐利诺（Philip Cozzolino）提出的“临死考验”，是这一类练习的试金石。如果我们能够足够严肃地做这个练习，那么它必然会改变我们的人生观。科佐利诺让我们想象一个非常现实也非常明确的场景，在这个场景里，我们的生命走到了尽头。他利用对死亡的预见，让我们学习自己临死的时候才能够学到的东西。练习是这样开始的——

> 让我们来想象一下：我们在位于某栋高楼第 20 层的一个朋友家做客。半夜里我们醒来，突然发现楼里起火了。

这时候房间里已经烟雾弥漫，我们开始呼吸困难，而过道里已经着起了火，我们无路可逃！我们心跳加快，恐惧在我们全身蔓延……

做完这些想象之后，我们就要开始做一些思考：迄今为止，我们的人生路都是怎么走过来的；我们觉得家人和朋友对我的死会有什么反应。这是个很强大的训练，可以帮助我们重新看到那些至今仍被忽略的重要元素。这个练习所提供的帮助可以让我们永远地改变自己的生活方式。

科佐利诺说，“临死考验”练习使我们明白，有很多种生活方式。有的人被物质欲和控制欲牵着鼻子走，但是最终，他们可能会为之后悔和痛苦。还有的人则如同书里讲到过的那些人一样，能够向我们最真实的憧憬靠近，给自己机会让我们对自己的存在更有意识，也更加负责。

第17章 成就幸福人生的十个方法

和马修·李卡德一样，我不希望在过完一日、一年，甚至一辈子后，感觉自己什么都没有做过。我也不要在临终的时候想起塞内加说过的话：“我曾经存在了很长时间，但是我只活了很短的一段时间。”

父亲过世后，我每天早上起床的时候都有一种迫切感。人生值得体验的事物何其多，对我而言，所剩的光阴又何其动人！成年后的岁月里充满了新发现，我尤其不想错过这个真正地活着和幸福地活着的机会。

“爸爸，我实现了我的承诺。你的书写完了，我已经准备好了用它来纪念你。现在我该怎么做才能从你的书里得到教诲？如何才能让幸福在我自己的生活中常伴我左右？”

在这最后一章里，我将要讲述的是我自己所牢记的那些重要原则，它们是我的幸福源泉，也可能是你的幸福源泉。我还会再给大家一些关于追求幸福的忠告，我会把那些重要的概念重点做个概述，以期让这些信息在大家心里留下不可磨灭的印象。我喜欢假想有 10 个人，或许 100 个人，甚至成千上万的人在读这几页书，目的就是为了能够让自己活得更好，把这个世界建设得更美好。

在写完前面所有这些章节之后，我发现幸福需要很多条件，而在这个课题上科学家们的观点有时候是相互矛盾的。毕竟，相比任何其他事物，我们的精神状态似乎更能帮助我们去珍惜和享受生活的每一天。遗传在某种程度上对我们今天的幸福有一定影响，生活经历也是，我们也可以因此认为幸福的源泉在我们自己身上。

更何况，就目前而言，对我们前文和后文中的理论的肯定还有些过于大胆：幸福能够带来健康、长寿、爱情和更高的薪水吗？又或者，那些特别受造物者宠爱的人是不是就更幸福？无论如何，虽然我们不用去管幸福的那么多“为什么”，不过，我觉得学习“如何”获得幸福还是值得的。

但是这个学习过程也不能太复杂，因为太复杂的事物早晚会被我们因为厌倦而放弃。最好还是能够有些简单的东西，比如一些可以挂在我们内心世界某个角落的想法；又比如一些氢气球一样的主意，它们飞到我们头顶，“砰”的一声碎了，撒下一片智慧。

在这后面的几页里，我还会再向大家介绍 10 个可以帮助我们获得幸福的简单方法。这 10 个主意大家可以写在便利贴上，然后贴在经常看得到的位置上，用来时不时地提醒我们一下。“一个心理师的 10 个小诀窍”总结了书中前文所讲的内容。我们说过的东西似乎很少，但这也没关系！还有那么多鼓舞人心的书可写——或可读——还有那么多其他有意思的事情可做，那么多人可爱，那么多地方可去，那么多知识可学……可是只有一辈子可活！

1. 记住生活中的快乐点滴

如同罗伯特·艾蒙斯写的那样——他也是从爱因斯坦那里借鉴来的——幸福需要我们每天回想它一千遍！如若不然，“活着就是受苦”。佛教中苦海无边的生活概念在我看来是说得太重了。不过，我也认为无论什么样的生活，我们都有可能完成某种形式的“在人间的内心涅槃”。

幸福第一原则认为，我们可以通过回忆人生中的“美好事物”来改变对日常生活的看法。“是我们所记得的一切造就了现在的我们。”罗伯特·艾蒙斯如是说。的确，我们的故事，我们每个人的故事，都是由很多微小的幸福和烦琐的不幸，再加上很多很多的回忆构成的。谋求幸福的办法之一，就是珍惜我们的美好回忆。

美好的回忆可以把现在面临的和过去曾面临的考验都相对化，也就是说，把考验放在一个带有希望的环境中，它们便不再那么绝对了。美好回忆让我们和那个“痛苦”人生保持距离，并帮助我们从另外一个角度去看人生、看世界。

除了记得那些美好回忆，还有一个简单的方法可以帮助我们换个角度看世界：假想我们有离开地面的本事，假想我们现在在我们头顶之上几米处的位置，如此，我们便可以从远处观察和窥视我们的生活。仔细观察！做我们自己生活的见证人！这个距离可以让我们换个方式看生活。

现在假想我们飞得更远，直到现实中的我们小到只有蚂蚁那么大。从这个视角看，你觉得什么是最重要的？再远一点，直到地球也变得很小很小。我们用超声速的速度旅行，一下子老了 20 岁、30 岁、40 岁，那么现在我们又觉得什么是真的、是最重要的？

当局者迷，旁观者清。远距离地看人生，世界在我们的眼里就完全不一样了。因此，我们首先要做的是把人生的“美好事物”——过去的和现在的——留在脑海里，好好滋养着，以留给将来。当思维开始走向负面的时候，我们可以试着拨乱反正，把它们带向“让我们重新振作起来的幸福回忆”上去。我们可以用“近视”的方式看待生活，并有意地远离它，让眼睛只看到那些最重要的事物。

2. 用幸福等式重塑大脑

在生活的每时每刻，尤其是当我们面临困难的时候，我们都可以从那些天生乐观或具有复原力的人身上汲取灵感，向他们学习。我们可以学着去看事物“美好的一面”。幸福第二大原则在于通过将注意力放在事物的积极面，从中找出积极意义来练习幸福等式，从而达到重新塑造大脑的目的。

如何才能培养这样的幸福能力，并最终使其成为一种自然趋向？下面就给大家介绍几个方法。

我们可以试着时不时地对某些事进行观察，并从中找出一些积极点来。积极点就是该事件中对我们有益的那些元素。这些元素让我们的身体感觉舒适，并且会让我们有微笑的冲动。比方说，我们曾经参加某个活动，然后我们仔细地回想那次活动，当回想中遇到那些让人开心、骄傲和满意的事时，我们就让思绪在那儿多逗留一会儿。

还有一个方法是学着拓宽思维，从不同角度看待事物。尤其是在遇到负面情况的时候，我们可以费点心思给这样的情况找出积极含义。还记得那个乐观的乔吗？在他看来，碰到意外事件时，不管有用与否，都可以试着从中发现有益的事。塞车半小时或某个约会的取消正好给了我们机会去计划某个项目、完成某个任务，或探望父母。我们还可以看看自己有多少模仿乔的天赋：每天给自己的“实证主义”打个分——分数即每天的积极想法数量——并且要试着让得到的分数一天比一天高。

一天过去了的时候要学着记住那些开心的事，而把另外的无益之事丢掉。我们把它们像“没用的垃圾一样丢到垃圾堆里”。从这个意义上来说，我们对于困难之事有一定的影响力：我们可以通过想象把它们的困难程度减轻。我们可以把自己想象成站在渺小的困难前的巨人。当我们心里想着自己的能力、激情、憧憬、我们爱的人和那些爱我们的人时，我们便是“伟大的巨人”。而当我们把问题放在那些对我们来说很重要的、给了我们人生意义的事物旁边时，问题也就变得“十分渺小”了。

我们也可以试试马修·李卡德说的那种做法，他建议我们勇敢地向问题靠拢，接受它，而不是反抗它。根据李卡德的说法，困难带来的不舒服感觉就像是雷雨带着滚滚乌云在我们脑海中隆隆作响。如果我们向乌云靠近，并试图抓住它，那么它就会从我们指尖溜走。同样，当我们被坏情绪笼罩的时候，如果我们近距离地去体验、观察它们，那么这些坏情绪就会同其影响力一起烟消云散。然后我们会意识到，其实这些坏情绪本身并不坚固，它们也无法侵蚀我们的灵魂。

3. 活在当下，珍惜现在

要在某种情感突然造访的时候将它辨认出来，并让其自行得到解决，这要求我们有能力把重心放在自己身上。而我认为这不是一下子的事，而是要不断把重心放在自己身上，因为，如若不然，我们便有可能在思考或其他事情中把自己弄丢了。

这第三个原则就在于找到一个属于我们自己的独特方法，来把重心放到自己身上，从而达到完全活在当下的目的。关于这个问题，我们不是说唯有现在是存在的吗？过去已不在，而未来还没有到来。每个人都有他的途径去找到他特有的活在现在的方法，活在当下，不为尚未到来的未来做无谓的担心，也不再哀叹已经远去的过去，就让我们做一个听不见抱怨、看不见担忧的聋子和瞎子好了。

正如我们前文讲的那样，用心智觉知的呼吸方式去冥想既不麻烦，也无关任何宗教，但却是一个简单的好办法，可以让我们快速找回内心的平静，并把重心放回自己身上。我们可以通过在吸气的时候默念"吸气"，在呼气的时候默念"呼气"来试着练习这套呼吸方法。当然，尽管这个方法很简单，但是要坚持不懈地每天在合适的环境里练习就显得困难了。有的人不喜欢冥想，他们认为冥想很适合藏庙里节奏舒缓的生活，但不适合节奏紧张的西方人来练习。

那怎样的练习才适合我们的生活方式，且能给我们带来真正的满足呢？我的办法是数数！我只是简单地数数。我在心里默念 1 到 100 这几个数字。慢慢地，和着我越来越深的呼吸慢慢地默念。不管在哪里也不管是什么时候，如果有可能我就停下手中的活儿，闭上眼睛默念。每当一个数字穿过我的脑海，我就呼气。在这个过程中，我专心致志，完全沉浸于其中，如果这时候有个想法不可避免地出现了，我会注意它，但不会做任何评价，等这个想法悄悄溜走了，我再继续默默数数。开头那几个数字——从 1 到 50——有时候会比较难数，但我还是继续。慢慢地，我的身体开始放松，我的内心也开始得到平静，而后面那几个数字给我带来的宁静美轮美奂、绝妙无比！

另外还有些办法可以让我们自然而然地享受现在。这可以是听美妙的音乐、感受大自然或做体力活动。一本好书、一部好电影、和于己很重要的人交谈、美丽的图画、健康的餐食……这些都和做一次冥想有着同样的效果。所有的办法都能帮助我们享受那正在悄悄溜走、不留一点痕迹的分分秒秒。

| 4. 停下来用心感受生活 |

“管好分钟就足够了，至于小时，他们自己会管好自己的。”马修 · 李卡引用贤者菲利普 · 斯坦霍普（Philip Stanhope）的话说。这句话提醒我们人生正在全速溜走，不再回头。如果说我们的存在要求我们保持警惕，时刻准备着回应各种挑衅，那么人生，我们的人生，有时候就会从我们身边逃走。

有时候我会感觉自己并没有真正地活着。我有种很奇怪的感觉，仿佛我的人生加快了速度，而剩下的一切都在戏剧性地缩小。而越是老了，时间便流逝得越快。我不能如我所愿地好好利用自己的时间，就像鲍里斯 · 维昂（Boris Vian）的小说里写的那样：我人生的四壁突然变窄了。我被围困在时间构筑的牢房里，手足无措。在这个寻找幸福的过程里终于就要看到晨曦的时候，我发现，真正让人觉得不一样的，正是这第四条原则：停下来去感受生活。

我意识到有时候停下来才是唯一让我觉得活着的办法。停下来意味着做事要不急不躁，一件件来。它要求我们学会不去管那些日程表上“今天非做不可的事”，这对我来说有时是不可想象的。为了做到这一点，我首先得给每天大腹便便的“待办事项”减减肥，我总是在早上写这个单子的时候过于心血来潮，也过于野心勃勃。我得学会做出合理选择，学会说“不”，还得学会清理那些可以占据我整整一天时间的琐事。

当生活节奏慢了下来，它在我们眼里便会更清晰，我们也会更感觉自己是生活的一分子。当我们学会跳出来看问题，我们便有可能找回原本的平静。我们可以试着每天早上起来时让时间停下来，感受和思考这即将发生的一天。例如，我们可以在心里对自己说：“今天是4月17日……”接着，我们可以花一分钟时间去感谢人生给我们这新的一天。我们还可以在这段有益于身心的思考过程中再加一句话：“今天是我生命所剩的日子里的第一天。”如此，只需每天停下来思考那么一小会儿，我们便能够主宰自己的生活。如若不然，则有可能日子一天天过去，我们却好像还没有活过，一周或一个月就这么过去了。

5. 滚雪球般的小小幸福

生活中可能有太多让我们分心的事，让我们颠倒了主次，也抛却了那些我们原本最想要的东西。在我们这个复杂的社会，时刻想着我们自己内心最深处的梦想是不切实际的：我们还有其他的重要事情要做！因此，日常生活很少会给我们带来轰轰烈烈的快乐，它能给我们的更多的是细水长流的幸福。

幸福的第五大原则在于，生活在细水长流的幸福中，溪流最终将汇成江，汇成海，成为很大的幸福。这个理论建立在幸福的即时性特点之上。好吧。“非凡”的幸福可以是由一系列短暂的幸福构成的。对“平凡”的人来说，增加短暂幸福出现的频率不失为最终得到持久稳定的幸福的好办法。

小小的幸福就在那些即时的享乐中：吃顿好的、欣赏孩子的笑容、抚摸小猫，等等。不论是剪报、粘相片这样的小事，还是计划旅行或打造家具等稍微大点儿的事情，都能让我们觉得乐在其中。

那些微小的幸福总是在我们不经意的时候不请自来，就像老话说的，“幸福躲着那些找它的人”。它既不会在你弹指召唤它的时候来到你身边，也不会因为你对它的热切渴望而大清早来敲你的门。我们可以认为，得到我们想要的幸福需要某种形式的勤奋学习，来把我们的每个行为转变成与我们的生活习性相符的生活方式——我们可以一项一项地改变。所以，这不是“激发”幸福的问题，而是要争取让我们的日子被各种快乐时光——成倍增长的快乐时光——填满。

6. 为人谦逊

幸福不是自私。我已经多次重复这一点，而现在我们应该深刻明白这一点了。幸福的人常有的秘诀之一便是经常感恩。而感恩，正如我前文也曾提到过的那样，独自不成行：它总是需要和谦逊这个与当今现代化社会格格不入的品质做伴。

幸福的第六大原则在于谦逊地认识到，并珍惜我们已有的事物。为了掌握这个原则的要领，我们最好还是跳过那些说教的理论，回到“谦逊”（法语 humilité）这个词的起源。该词从拉丁文 humus 演化而来，humus 意为“灰尘”。关于谦逊，罗伯特·艾蒙斯参考了 18 世纪瑞典科学家、哲学家和神学家伊曼纽·斯威登堡（Emanuel Swedenborg）的理论说：谦逊用它“矛盾且无法定义的方式给我们开启了一扇通往智慧的大门，而这扇门是如此低矮，以至于我们只有谦卑地俯身才能通过”。“俯身”的方式之一是首先要想想命运给予了我们什么，然后再想想我们又给了别人什么。我们还可以反过来自问自己给别人带来了什么不便，并努力去改善自己。

谦卑，在我们这个讲究物质和成就的年代，最重要的是要珍惜“自己”和“自己所拥有的”，也要避免掉入欲望的陷阱，或妄想成为与自己本性截然不同的人。那些大智大慧的人都是知晓自己的局限性的。

我爱人的儿子结婚时我们送了他一张很有幽默感的贺卡，卡片上讲了一个所有夫妻早晚都会明白的事实：“成功的婚姻在于勇于承认对方是对的！”同样，最让人敬佩的——也是最谦虚的——人不是自以为是的人，而是那些认识到自己还有很多东西需要学习的人。

下面让我来给大家讲个小故事。在我刚开始从事教育工作的时候，有幸认识了两个非常杰出的同事。其中之一聪明过人，有着非常丰富的心理学知识，并且懂得用很巧妙的方法去传授这些知识。他很有魅力也很有威严，没有人敢对他说的话有任何反对意见！另外一个同事同样学识渊博，但却很谦逊。他丰富的人生阅历给了他这种谦虚的品德。他从不忌讳承认自己并非天生无所不晓，并且总能给我们值得信任的感觉。当我希望自己能够成为更好的人时，第二位同事给我的启发总是多于第一位。

7. 助人为乐

我们总是以为只有天生具备某些禀赋的人才有资格得到幸福，以为幸福本就是非凡之人的特权。但事实上，让我们感觉值得来到这个世界走一遭的不过就是那些很普通的事情。还有什么比谦逊、和蔼和伸出援助之手更普通的呢？这些行为和态度带来的不仅仅是幸福，还有健康。好消息是：每天从我们起床的那一刻起，生活就给了我们无数的机会让我们来表现这些品质，从而也让我们活得更健康。

幸福的第七大原则是我们通过做一些小事来给周围人的幸福添砖加瓦，比如向朋友伸出援助之手、给母亲打个电话、对新来的邻居说句表示欢迎的话、帮同事一个小忙，等等。不需要做什么了不起的事，也不需要在报纸的“好人好事”栏中榜上有名。

另外还有个特别的办法可以给他人带来小小幸福，那就是惊喜。怎么做？答案太多了！出其不意的礼物、把自己手上的事暂时搁一搁而去关心关心他人在做什么、写张令人愉快的字条把它放在别人的午餐盒里、不做预约突然出现在家人、朋友面前，等等。就是因为不曾期盼，这些出其不意的举动才令人惊喜。

在我们情绪低落或烦躁、无聊至极的时候，花点时间帮助那些比我们更脆弱的人是个战胜坏心情的好办法。我总把这个办法介绍给我的来访者。每天 15 分钟，然后我们就会更开心了。我可以保证！据说如果把这个时间再乘以 2 或者 3，那我们的整个人生都将不一样！我们没有时间，我们的日程已经排得很满了，你是不是这么想的？但是，你可知稍稍把自己忘记一会儿对我们有多少好处？你又可知，予人玫瑰、手有余香，借着飞镖效应，所有我们给予的都能反过来让我们的生活更美好？

为此，即便你没有做好事的心情，也可以试着假装你有——就这么试试看，看有什么效果。我们可以试着对路上擦肩而过的行人微笑，试着对正能量事物感兴趣，试着说些给人生——不管是你的还是别人的人生——带来光明的话。就这样，免费的！给自己定个每天“做好事”时间的指标。一天有 1440 分钟，如果我们每天给有需要的人那么 15 分钟，我们自己还有 1425 分钟。当然，一天中有三分之一的时间我们是在睡觉，但是，尽管如此，我们还是有很多时间可以用来呵护自己和赠给别人。

8. 想想那些受苦受难的人

谦逊、无私，或现在这个主要在于让我们心里想着那些受苦受难的人的第八大原则，都不是对任何宗教教义的颂扬。这些都是心理学上的东西！很多人以为心理学工作者的工作是沉重而难以忍受的，因为我们每天都要面对人类的痛苦。如果他们以为最艰难的工作是倾听那些不快乐的人和尽心帮助他们走出困境，那他们就错了。相反，事实上这个工作提醒我们，自己能够心智健全是多么幸运。它更向我们展示了人其实有多少资源是被自己忽视了。我所为之服务的这些人有着从生活的考验中重新站起来的勇气，并且他们做到了。他们用他们的坚韧不拔和坚定不移教育了我，让我学会变得更好，更懂得珍惜生活。

第八大原则在于用善良的心去想他人的苦难遭遇，并感谢人生没有让我经历同样的痛苦。我们还应该用同样的心态去回想我们曾经经历过的那些艰难岁月——如果曾经确实经历过苦难的话，并庆幸日子的今非昔比。通过回忆孩提时代的恐惧和少年时候所犯下的那些过错——尽量平静地回忆——我们将能够更好地享受现在我们——没有过，也没有不及——所有的幸福。

我相信每个人都能从“不要想得太严重”和用相对的眼光看待不

幸事物中发现益处。我们可以认识到自己的困难，并找到更好的办法去克服它们。办法之一便是想想那些曾经万般绝望的人，那些正在经受——就在此刻——某种不可承受之痛的人。想不出这样的人、这样的事？听听国际新闻、去医院看望一下那些病人、去市中心逛一个小时……有人就在这一瞬间遭遇了某种悲剧：孩子失踪、确诊癌症扩散、被迫要饭或卖身、甚至卖自己的孩子或器官、残酷的种族屠杀、战争、酷刑。和这些我称为“我们日常那可笑的小小不舒服” 相比，地球上有些人的不幸真的是高过珠穆朗玛峰了。至于我们中那些正在困境中挣扎的人，我知道你们肯定有勇气，也会本能地利用你们“常见的魔力”来创造一个更加美好的未来。

9. 选择你的“世界”

有的人电话响了也不去接，因为怕是电话销售或某个讨厌的邻居。如果听到有人不小心撞了门，他们也不会动动屁股去看看是谁这么不小心。也有的人在加班和朋友聚会之间宁可选择前者。如果病了或心情不好，他们会选择孤僻独处。他们不想“打扰”别人，寻求帮助对他们来说是对自己莫大的亵渎。还有的人喜欢单独工作，因为这样就可以不用浪费时间去讨论。他们期盼着孩子们赶紧去睡觉，在孩子放暑假的时候，他们在日历上数着日子等学校开学。说到底，这些人都把别人的陪伴当成是浪费时间。

老实说，我能够理解他们。我十分钟爱独享清静，我也经常会在请人帮忙时感觉很不自在。我也懊悔地承认，我曾经不得不牺牲和儿子、家人、朋友在一起的时间，去完成那些在现在的我看来毫无意义的工作。如果说孤独——有些人就是对它特别钟爱——自主和独立（能够独立又曾经让我们何等骄傲！）肯定有它们的好处，那么，与人相处也自然有它不可忽视的重要性。

第九大原则就在于要和于己有益的人在一起，让自己身边聚满对自己来说很重要的良师益友。因此，我们可以与人来往，但却不是与任何人来往。学学老年人的榜样：选择我们的“世界”！与这样的人交往：他们能给我们带来欢笑，而且，和他们在一起时，我们可以做真正的自己。选择那些跟我们相似的，和他们在一起生命自然而然地“流走”了的人。不要管那些虽然会用甜言蜜语哄我们，但是其复杂的心思却会令我们不舒服的人。要记住幸福是会传染的，不幸也同样会传染。我们会“染上”祥和之人的积极态度，也会沾上焦躁之人的扭曲心态。所以，我们这里说的不是要不惜一切代价与人来往，而是要尽可能多地跟那些有益于我们身心健康的人相处。

好的人际关系可以帮助我们保持心理健康，并避免那些让人追悔莫及的人为悲剧。建议？好好照顾自己的孩子，趁他们还跟我们在一起，好好享受天伦之乐。要真正地爱！主动约朋友见面，试着和邻居友好相处。将人与人之间的隔离墙打碎。不要怕“打扰”别人。就打扰他们那么几分钟试试看，不为别的，只为了告诉他们：“嘿，我在这儿，你对我来说很重要。”

| 10. 活出真我 |

在某个以积极心理学的未来为主题的讲座上，米哈里·齐克森米哈里——一个有着像圣诞老人一样白胡子的贤人——引用了我忘了来自谁的一句话："我们心目中都有一个自己，我们也早晚都会成为自己心目中的自己。"我们无法逃出这个命运。不管我们给别人看的是多么好多么杰出的自己，也总有那么一天，我们的真实本性会显现，就像儿时的谎言总会被戳穿，那时候我们会觉得残暴扼杀本性毫无意义。

我在这本书里不止一次鼓励读者发掘自己的潜力，或放弃那些不可能的计划。我曾经说起那些建议我们假装开心的科学家，也曾经提到要用积极来重塑大脑。我写了这么多，给了读者好多需要记的信息。在所有这些文字中，这第十大原则要比前面所有讲到的都重要，那就是要选择活出真我。就这么简单!

这意味着要有勇气做回自己，并用这样的自己来示人：爱自己的亲人和朋友；坦率地表达自己的情绪；根据自己的需要选择主次；坚持梦想。

在回答"为什么有的人不会生病？"这个问题的时候，辛尼·吉拉德说，那些不会生病的人找到了一种可以让他们活出自己的生活方式。他们留意身体对自己发出的"不行"信号，并据此转变自己对他人和对自己的行为和态度，让生活走出黯淡和令人失望的低谷。

因此，这第十大原则请我们从现在开始，就"这么简单地"把真实的自我展现出来。我们可以从意大利移民家庭出生的魁北克歌手尼古拉斯·西科尼（Nicolas Ciccone）的歌声中得到灵感：做自己……不吓唬你也不欺骗你，没有条件也没有法则……没有雷电也没有火山，不论是阴天还是晴天……没有逗号也不需要加声调，不会拐弯抹角也不懂海誓山盟，不复杂也不拘束……

有个方法可以帮助我们做回自己。这个方法让我们先假设自己已经得到了自己活着想要的一切。辉煌的事业让同事对我们刮目相看，也给我们带来了无限财富。现在我们终于可以休息了，当然，我们也可以选择致力于做一些我们认为最有意义的事。我们想做什么?

当我需要做出决定的时候，我的爱人艾迪会用类似的方法让我想象我的生命只剩最后 30 分钟。他问我这个时候什么最能让我开心。我于是想起了我那一生都在为财富奋斗的父亲的话。临终时，父亲不得不承认自己为了追求财富耗去了太多的时间和精力，而最终这些钱却不能跟着他到坟墓里去。幸福才是我们所需要的一切财富。我终于明白，幸福它就扎根在我自己内心的最深处——在远离人世喧嚣和美丽错觉的地方——而它所需要的不过就是与人分享。

总结　我的幸福

罗伯特·艾蒙斯在他关于感恩的著作的最后是这么写的："不论好坏，心理学工作者就是他们自己的研究对象……作者没有选择课题，是课题选择了他们。"他最后表示，除了这个他为之奋斗了大半辈子的研究，他再也找不到其他能够令他满意，并带给他灵感的课题了。

这真是说得太好了！我自认为也是得到了这样的厚待：幸运如我可以通过帮助别人寻求幸福来赚钱！我是一个撰写幸福配方的心理工作者。作为教授，我又是何等幸运，可以授人有关心理学最积极一面的知识——用积极的眼光审视人类！作为科学研究者，我又是多么幸运，床头柜上堆放着的文献都在提醒我：要幸福！又是什么样的缘分让我在写这几页书，让我每天都能因为这个工作而觉得快乐？

在写这本书的时候，我当然是要对我自己的幸福进行研究的。我做了我自己的实验的小白鼠。我也觉察到了幸福的短暂性：开心的时光能持续几小时、几天、最多也就几星期。当美好的时光过去了，我便会静思，然后幸福便会回来看我，就像一个从未将我遗忘的好朋友。每天我都要提醒自己什么才是最重要的。我会问自己："如果我还有30分钟可以活，会怎样？"然后我便能把对我来说最重要的事从一堆肤浅的杂事中理出来。

这几个月让我第一次感觉到了一种巨大的、持续的幸福。这样的状态一直持续着，即使是在最困难的情况下也没有变淡、消逝。仿佛是在与生活对抗，我成功地做到了不被那些没有意义的事扰乱心神。我成功地让思想聚焦在那些意义积极的词汇上：自由、放手、平静。我脑海中飘过的是那些让我深觉欣慰的画面：儿子的欢笑、爱人的抚摸、美妙的大自然。

这些语言和画面把我带到了自己内心的某个地方，在这里，所有的琐事——这些琐事有时候仿佛是如此重要——都变得相对次要了。我时不时地需要把自己带回这个地方。然后，当我发现自己正在远离时，就把自己带回去。心里想着那些快乐的时光和那些给我带来快乐的人，这可以帮助我们找回心中的那片乐土。那些带给我快乐的人啊，我由衷地感谢人生路上有你们！

我想着我的儿子，杰里米，他是我的宝贝，也是我最大的幸福。他天生有那么多优点，其中最让我惊讶的是他那完完全全沉浸于当下的本事。他的注意力完全系在现在这个时刻上。他享受生活的本事我望尘莫及。他既不活在过去，也不活在未来，他真真切切地就活在这里、当下。就在我写这几行字的当口儿，他正在轻轻抚摸他的小猫咪毛茸茸的脸蛋。他看猫的眼神像猫妈妈一样善良和蔼，而又充满了保护欲。他的微笑是如此真实、如此可靠。当他和朋友们开怀大笑的时候，没有比这样的笑声更美妙的音乐了；当他按捺不住哭泣的时候，没有什么比他的哭声更能打动我这颗为人母的心了。如果在我将死的时候脑海里只能有一个画面，那么这一定会是我儿子的脸，他是我最爱的人，而我也将永远爱他。

我又看见了父亲临终前最后一晚的样子。这个画面让我无比难受，但是那些和他在一起的开心记忆又会涌上心头。那时候的他还能从病床上起来，他坐在轮椅上，让我推着在楼层的走廊里走动，他已经在这个楼层待了很久了，而且似乎没有尽头的样子。他询问其他病人的情况，那些病人都渐渐康复了。他和每个人打招呼，友好地交谈，他还会开些让人开怀大笑、给人希望的玩笑。当他需要我母亲的时候，他眼中那种期待热切得让人不忍心。在他最后的日子里，他对我母亲的依恋浓得就像刚出生的婴儿。他可能还在等他的“亲爱的”，可是她却还不急着和他在另一个世界相聚。

我想到母亲，她的健康状况好得令人难以置信。77 岁的她还在打理家里五金店的生意，她把店治理得就好像是一个女王在治理她的国家。她是个“好”女王，所有的客人和员工都喜欢她。她的朋友和孩子更是热爱她！我想她在这个地球上的任务就是让周围的人过得更舒服。和那些把自己一生献给了自己的孩子——有时候还有自己的丈夫——的女人一样，我母亲是善良和仁慈的楷模。她也是如假包换的典型的乐观主义者。然而，她的童年却并不如意。她的亲生母亲在她

2岁的时候就去世了，她对她完全没有印象；而她的父亲也在她15岁的时候不幸过世。虽然她不曾有过“父母的榜样”，但是她却成为了世界上最好的妈妈！今天的她也从不因为父母的早逝而不快乐。相反，她已经明白不幸会让我们暂时气馁，但不能将我们完全打倒。只要能够克服困难，一切便皆有可能。我所有的一切都要归功于她，因为她，我才成为了今天的我。

还有我的爱人艾迪，他的慷慨和耐心，他每天的那些细心举动，让我明白“有我在，靠在我的肩膀上吧！”特别是还有他身上表现出来的如此真诚的道德和价值观念。我在他的内心深处找到我的灵感。艾迪是我的男性版“缪斯”，是他给了我无限灵感，尽管我并没有成为伟大的作家。我和他一起分享我对生活的乐观态度，尽管生活里难免会有一些让人不舒服的事，就好像鞋里有小石子一样；我也和他一起分享打造各种大大小小的计划和梦想的乐趣。

我也想到了我的兄弟姐妹们：曼侬、伯努瓦和埃里克，他们永远在我心里，同样的还有我的朋友。我脑海中重现了和他们一起交谈时的愉快——有时候也很激烈——时光、一起出门娱乐、远足、搭帐篷野营的周末、旅行。我们肩并肩在一起，让彼此心安。我们彼此用心相待，充满感情。有时候我们会笑到眼泪都流出来，而那时候我便仿佛是上了天堂！此书，也是献给他们的。

我想到了玛莉莲·侯勒、玛丽露·哈梅尔还有梅兰妮·玛索——这个明珠一样的人最近刚刚离我们而去。她们用极大的耐心（她们把有关积极心理学的作品做了精细筛选）为我这本书的完成提供了帮助。我想到了研究组里的每一个学生，从他们长期而又辛苦的工作中，我们看到了世界迷人的一面。我想到了系里的学生和实习生，任凭学业多么繁重，他们都能够经受住考验。事实上我希望他们能够青出于蓝而胜于蓝。就好像我们的孩子，我希望他们能够冲破我们的枷锁，用他们自己的憧憬去创造世界。

我想到了战略心理治疗中心的两位领导，若瑟·拉马尔（Josée Lamarre）和安德烈·格雷戈瓦（André Grégoire），这两位令人尊敬的导师给我开启了“一切皆有可能”治疗的大门。自然也不能忘了利安德·布法尔（Léandre Bouffard），我对积极心理学的兴趣起初就是因为受了他的热情感染。

最后，我还要感谢副主编帕斯卡莱·蒙君（Pascale Mongeon）的盛情和好建议，校对员兼复审西尔维·马萨里奥尔（Sylvie Massariol）的精辟文字和人文出版社（Editions de l’Homme）的全体工作人员，没有他们的陪伴就没有今天这本书的问世。

我再次回忆起了那些美轮美奂的自然风景，还有它们带给我的那些心醉神迷的时刻：站在山顶，我俯视着广阔大地；站在沙滩上，我眺望着蔚蓝大海和海里翻滚的波浪；在树林里，我倾听隐身茂密枝叶中的小鸟的歌声；在小河、大湖边，我感受祥和之气穿透全身。我还记得那些奇妙的旅行把我带到从前不敢奢望能够得以一游的地方。地球上的人深深打动我的心，他们如此美丽善良。

我在写作，我想着有人会读这几行字，会带着它们去寻求幸福，这是个无比快乐的时刻。我想着有人会在读完这本书的时候对自己说：活这一世很值得。

献给菲利普、玛丽、伯纳德、卡洛琳、杰罗姆、尚塔尔、劳拉、伯特兰、弗朗西斯、劳伦、安妮……也献给你。